マット・クレイマー、ワインを語る

マット・クレイマー
阿部秀司訳
白水社

マット・クレイマー、ワインを語る

装幀：東 幸央

マット・クレイマー、ワインを語る

目次

注記

本文中、〔 〕は訳者注を示す。

はじめに

あなたが読んでるその本は、月の光がもらした言葉

——ドノヴァン・リーチ『若い女のブルース』

芸術の回顧展ならいざ知らず、時流に合わせた言論の回顧録とは、あまりなじみのない試みである。つまるところ、ジャーナリズムはある時点における論評であり、そのときが過ぎれば、まあ、機を逸してしまう。とはいえ、回顧録が視点の奥行きと省察をもたらしてくれることもあり、かつての立ち位置を示しながら、どれほど遠くまで来たか（あるいは来ていないか）を照らしだすこともある。

寄稿文とエッセイを集めたこの本がそんなきっかけになれたらと思うと嬉しい。ほとんどの文章はそのまま読めるから付記をする必要はなかった。もとの文章には手を入れなかったものの、再読するとそうしたくなることがたまにあった。付記をしたのは、元の文脈に沿った内容を補うか、仕上げの一筆をいれて、さらに視点の奥行きを深めたり、細部を詳述できるときに限った。

所収の記事はたんなる私見ではない。それはそうなのだが、つかの間のうちに過ぎ去るものについての私見だ。美術批評家が、たとえばレンブラントの《ホメロスの胸像を調べるアリストテレス》に自説をぶったとしても、ニューヨークのメトロポリタン美術館に行けば、それが妄説か否かはすぐわかる。

ところがワインではそうはいかない。市場からはすぐ消えるし、今年下した判断は翌年の収穫には通用しないうえ、同じワインを同時に試飲しても、各自の感じかたは異なる。きわめて扱いにくい対象だ。

まさにこの理由のせいで、私は三十年以上にわたり「製品評価」にとどまらない文章を書こうとしてきた。ワインについて書くとは、果物や花になぞらえた記述で煽りたてたあげく評点をつけて一丁上がり、というものではない。とにかく私はそう念じてきた。

いくつかの幸運のかけらが、そんな意気込みを支えてくれた。私はいい時代にめぐりあわせた。ワインのことを書き始めた一九七六年は、アメリカの高級ワインに美意識とビジネスの可能性が生まれ、安酒から覚醒した年だった。またこの年、あの語り草になったパリの試飲会が開かれ、あろうことかアメリカのカベルネとシャルドネが、ボルドーとブルゴーニュの赤白の大物を蹴散らしてしまった。

皮肉にも一九七六年のパリ試飲会の開催を煽ったのはイギリス人で、つまりスティーヴン・スパリエというワイン商がこのイベントを構想し、仕切ったのだが、それはまた別のアメリカ革命の口火を切ることとなった。スパリエ自身認めているが、先達らと同様、彼はよもやアメリカに勝ち目はないと考えていた。もっとも当時は私たちも同じだったが。

ワインの世界でこの三十年間に起こった革命的変化は、過去三世紀以上のあいだに起こったそれをしのぐ。これはアメリカに限ったことではなく、フランス、イタリア、スペインといった古くからのワイン生産世界をすべて一緒にしての話である。さらに新興または再興した国をあげれば、オーストラリア、ニュージーランド、アルゼンチン、チリ、ギリシア、南アフリカ、その他きりがない。

ジャーナリズムの立場からすれば、取り扱う取材範囲もおそろしいほど拡がり、先端科学、経済、ビジネス、不動産、レストラン経営、社会的野心、コレクションなどに及ぶ。言うまでもなく何千種類ものワインを試飲しなければならない。だがなによりも、アメリカにワイン文明が興隆してゆくさまを、私は最前列で観ていたというに尽きる。

変革をやめないアメリカのワイン文化が速やかに外国に伝播したのは特筆すべきことだ。ヨーロッパの生産者の中でも若手たちは、アメリカワイン界の早熟な成果によって解き放たれるような影響を受けたが、彼らはそのことに率直な恩義を語ってやまない。

早くも一九八〇年代に始まった影響は、ヨーロッパ各地、とりわけイタリアとスペインの生産者及びワインに顕著であり、そこまでではないにせよ、フランスにも実体のある影響を及ぼした。

影響というのは相互に及ぶものだ。私たちはヨーロッパが有する厖大な経験を余さず有意義なものとして、あたかもフジツボが岩につくように執着してきた。ブドウ栽培とワイン造りに関する深く寡黙な伝統的知識、そしてワインばかりかブドウの樹にさえも（カリフォルニアのブドウ栽培者がヨーロッパの高名な畑から取り木をして、不法に持ち帰ってきた例は数えきれず、そんな取り木を揶揄して「スーツケース・クローン」といったものだ）。

いっぽう私たちのほうは、アメリカの気前のよさと科学にかける情熱、そしてなによりも「未来はわが友」というヨーロッパになじみのない信条を伝えた。表向き、彼らはばかにした口ぶりではあるが、内心ではこれに心酔している。

これらすべてを見届けつつ、そこから生計を立て、好きな意見を言わせてもらえるとなれば、もはや何を望もうか。それは大きな特権だったし、今もそうである。その成果をひと切れ、ここにお目にかけるが、それを後に残る味《アフターテイスト》と呼んでもよろしいだろう。

謝辞

決まりきった言葉を並べるのは不正確だと、いつも私には思われた。世辞に誠意を尽くそうと思えばお金にかぎる。贋金は思わせぶりのウィンクにすぎない。それは当然ながら、人生を三文文士街で過ごしたフリーランスの物書きが、過去をふりかえる図となる。

だから、こうした「謝辞」のなかで誰かに謝意を表そうとすれば、それは私への信頼を小切手帳で支えてくれた編集者諸氏へ、ということになる。

まっさきに名を挙げたいのは『ワイン・スペクテイター』のオーナー、発行者、編集者マーヴィン・シャンケンである。人生で浴した最大の恩恵は、『ワイン・スペクテイター』に書くことだった。私が書き散らす数えきれない意見に、発行者（と編集者）がどれほど危惧を抱こうと、そして実際抱いていたのだが、マーヴィン・シャンケンはいつでも好きに言わせてくれた。これまでにも彼への謝意を表することを自分の務めとしてきたが、その底知れない誠意に、さらなる感謝をささげる。本書に収めたコラムの多くはもともと『ワイン・スペクテイター』の記事である。ふたたび印刷される機会が得られたことに感謝するとともに、最初に同誌に掲載されたことに、なお一層の謝意を申し上げる。

わが地元、オレゴン州ポートランドの『オレゴニアン』紙の前編集長ビル・ヒリヤードは、二十年以上前に私を同紙のワイン記者として雇ってくれた。後任のサンディ・ロウにも世話になった。両氏からこうむった恩にお礼を申し上げたい。とりわけカレン・ブルックスは『オレゴニアン』の担当者として長年世話になった。仕事仲間の域にとどまらぬ親友に感謝をささげる。

『ディヴァージョン』誌の編集者たちにも同じく謝意をささげる。多年にわたり私の記事を載せてもらった。長年の編集長（で友人の）トム・パサヴァントと、後任のキャシー・カヴェンダーは、経営難のなかでも私に書く場を与えてくれた。多くの雑誌と同じく『ディヴァージョン』は二〇〇九年に休刊した。『ザ・ニューヨーク・サン』紙の初代担当者ロバート・メッセンジャーには格別な謝意を申し上げる。私の『サン』紙の連載は数年で、他の出版社との何十年ものつきあいに較べれば長くはなかったが、彼と同僚たちは、今日の出版界ではまれなやりかたで書かせてくれ、しかも気前がよかった（同紙は二〇〇八年に終刊となった）。本書に収めたかなりの数のコラムは同紙が初出である。再刊の機会が得られたことは感謝に堪えない。

そして私の七冊の著書の編集者たちに衷心から感謝申し上げねばならない。そのなかでも最初の三冊で世話になったマリア・ガルナチェッリの名を挙げたい。昔彼女の激励と支えを受けていなければ、私は自分を伸ばせなかったかもしれない。

近いところでは、カルロ・デヴィートが、二つの出版社にわたって、あらゆる意味で私を励まし、支えてくれた。本書は、書き手としての私の信念と、同じくらい固い編集者としての彼の信念とのたまものである。

謝辞のしめくくりは、私からお金を受けとる人にするのがふさわしい。私の出版代理人、ロバート・レッシャーである。彼がいなければこの本はありえなかった。そして彼がいなければ、私はお金がないよりも貧しかったろう。

第一章　二枚のレンズを通して視る——ヨーロッパの眼、アメリカの眼

子供のころ、熱帯魚に夢中になり、ありとあらゆる淡水魚のラテン語名を覚えたくて、時の過ぎるのを忘れた。このせいで私はむかつくほど知ったかぶりの九歳児になったが、自分の世界もかなり拡がった。

気に入った魚、というか魚名のひとつが、アナブレプス・アナブレプス（Anableps anableps）というなんともしつこいものだった。水面あたりに暮らすその黒い魚が私を夢中にさせたのは、水上と水中を同時に見ることができるからで、ヨツメウオという通称もそれでついたのだ（実際には目は二つしかない）。

こんな唐突な話をするのは、アメリカとヨーロッパのワイン文化の風景を見渡しているとき、アナブレプティック（anableptic ヨツメウオ的）という言葉がつい思い浮かぶからだ。勘違いしないでいただきたいが、私は生まれも育ちもアメリカである。

三十年以上前、職業としてワインのことを書き始めたころ、文化としてのワインの語彙も、とりわけワインの物書きという世界も、ともにヨーロッパの視点ばかりに基づいていた。ワインライターのほとんどはイギリス人で、アメリカ人といえば、ヨーロッパ中心主義者だった。こうしてみると、当時語られるほどのワインはすべてヨーロッパのものであったことが腑に落ちる。アメリカはまだ、自前のワインの言葉も、自前のワイン文化も産み出していなかった。

どちらの文化にもおのずと固有の価値がある。愛国主義や国粋主義の果てに、アメリカはヨーロッパの時代遅れのワイン文化から学ぶものはないなどとのたまうのは馬鹿者である。反対に、アメリカ（それにオーストラリア、ニュージーランドほか「新興」ワイン生産国）はワイン文化に何も寄与していないしその価値もない、などというのも等しくばかげている。

　とはいえ、文化に根ざす視野はまったく異なる。私たちアメリカ人がワインを理解しようとする取り組みかたは、ヨーロッパ人のそれとは違う。私は自分がその両方を理解し深く味わいたいと思ってきた。長年にわたり、まあヨツメウオ的に二重の視点から発言してきたというわけだ。

「よい育ち」がのしかかる

ヨーロッパとアメリカの文化の違いを定義するとしたら、こう言えるかもしれない。ヨーロッパ人は抽象的観念を極めて強力なものとして受容する。いっぽうアメリカ人はさほどこれを重く受けとめない、と。アメリカ人にすれば、抽象的なものは実利があると立証されたときでないと力をもたない。たとえばアインシュタインが天才であるのは、その理論が原子爆弾につながったからである。

　この文化的な違いをいいたいのは、ワイン造りが国際的になるにつれて、抽象的ではあるが、ある考え方が強大な力を持つことがわかってきたからだ。それはフランス語でいう「育ちのよさ《ビャンエルヴェ》（bien élevé）」という観念である。

フランス人は幼少期、「よい育ち」になるよう望まれ、しつけられる――ここを生き抜いてきた人々にすれば、嬉しい期待をかけられているとはいえない。これは育児上のお説教の域にとどまらない、文明に根ざす観点なのであり、この言葉だけで洗練と粗野とのあいだに境界線をひいてしまう。フランス語で、育ちの悪い人や物事をさしてマレルヴェ（mal élevé）というのは、どうしようもないという意味である。

ワインもまた不断の文明化なくしてよい結果は出ないと考えられている。なめらかに磨きあげ、艶をだすのである。フランスのワイン輸出業者はここを自白するかのように「ネゴシアン＝エルヴール（Negociant-Eleveur）」を名乗る〔eleveur は育成者の意味〕。そればかりか、なにかが（誰かが）よい育ちになるだけではだめで、目に見えてそうならねばならない。まぎれもない文明の刻印がなければならない。

この「よい育ち」という考え方は、ワインの世界全体に強い影響と説得力をもっている。フランスワインは他のすべてのワインを判ずる基準となってきた。それゆえ「よい育ち」という考え方は、フランスのすぐれたワインすべてに及び、また、ひそかに銘酒の判定者をもって任ずるような人々の味覚をも形成してきた。

今日、すぐれたワインと見なされるためには、明瞭に「よい育ち」でなければならない。その強大な影響をイタリアとカリフォルニアという二大産地にみることができる。ともにフランスに対抗して世界最高峰のワインたる地位に肩をならべたがっている産地である。どちらの産地でも、土着の文化も味わいも忘れて、生産者は「よい育ち」のワインを造っていることを必死に伝えたがる。

これがもっとも顕著なのがイタリアだが、そこには豊饒な伝統と長く培われた味覚がある。イタリア人も育ちのよさというものをわきまえていて、彼らにあっては儀礼上の文化であっても、フランス並みの義務意識はない。イタリア人はともかくそんなものに荷担しないだけである、少なくとも料理とワインとでは。

古典的フランス料理の修業を積んだりかぶれたりした人は、フランス料理には洗練美があるのにイタリア料理にはそれがないと言いつのる。彼らはしたり顔で、偉大なフランス料理ばりの多彩なソースがないという。フランス料理術の精神からすれば、高尚なソースがなければその料理は不完全なのである。確かにそこには精妙な世界があるのだろう。

だが、イタリア人の美意識のほうが、フランス人のそれよりさらに精妙ということだってある。イタリア人のソース作り――というのもへんだが――の本質には、ソースは料理そのものの内から生まれるもの、という思想がある。オリーヴオイルとかバルサミコなどのいわば別ものを加えるとしたら、それは「内なるソース」をひきだすためでしかない。単純かつ完璧に煮上がった豆料理を食べたことがある人ならご存知だろう、極上のオリーヴオイルをひと振りしただけで、豆そのものがもつ予期せぬ深い味わいが解き放たれるからだ。

イタリアのワイン生産者が伝統的に、フランス人がしてきたような、新しいオークの小樽でワインにヴァニラの香りをソースのようにまとわせたりしないのは、こういうわけだ。オークの新樽でむりやりワインの舌触りを磨きあげるようなこともしたがらない。生来の持ち味を引き出そうとする感性からすれば、そのような洗練は性に合わないのだ。それゆえ今日の新樽を用いたイタリアワインは、いかにも「らしからぬ」ものに見える。馴染みのない味わいだからというだけではない。外国の美意識に根ざす前提を押しつけているからだ。すなわち「よい育ち」である。

最近、ピエモンテの新派バルベーラを飲んだことがあるだろうか。それは痛ましいまでに育ちがよく、立地やブドウ品種の個性をあらわすことをやめて意に介さない。同じ影響を強く受けたバローロ、バルバレスコ、キアンティをはじめとするイタリアワインが世評におもねるのも同じ事情である。

今日世界中の評判を集めるワインは、ほぼ例外なくこんな評語を戴いている。いわく「豪勢」「繊細」「よい仕立て」「優雅」「温和」「絢爛たる」「洗練」「流麗」「魅了される」「絹のよう」「ビロードのよう」等々。「お育ちのよいことで」と言いたくなるではないか。

抽象化されたものは強い。それを認識しない造り手こそ禍なるかな。

（一九九五年）

耳に届かない曲

楽器を演奏するのでも、偏狭な排他主義の太鼓を叩くほど危険なものはない。才能なしでも人の耳目を集めてしまう。叩いているうち、騒音を立てているだけなのに、自分を音楽家と思い込んでいく。カナリアに混ざったカラスなのだが。

こんな考えが浮かんだのは、名前を書く気もおきないのだが、数か月前に、ヨーロッパのワインライターの手前勝手な駄文を読んだからだ。大目に見れば、布告したのが誰なのかは重要ではない。だが、年の瀬になってあの言葉がなおあとを引き、言い返す必要を覚える。物書きはこう言い放ったのである。「無学なアメリカ人は無視せよ。博識のヨーロッパ人が説くものを読めばいい！」

毒を含んだ台詞である。いかにもアメリカ人は高級ワインにまつわるあらゆる謬見を追いかけてきた。しかもアメリカの影響力が法外であることも否定できない。二世紀以上前、『ザ・フェデラリスト』〔アメリカ合衆国憲法批准を目指して執筆・新聞連載された連作論文。主要執筆者が合衆国憲法起草者であったことから、憲法の最高の注釈書とされる〕は、アメリカのことを「広大な商業共和国」と表現した。私たちの時代はこれがさらに強大化したにすぎない。そしてアメリカ人が追いかけまわす規模が膨張するにつれて、私たちの関心事は他国に重くのしかかるようになった。

言い忘れてはならないが、大多数のアメリカ人は、そうした影響がどれほど強大であるかということに、ほとんど自覚がない。いや、さんざん聞かされてはいるのだが（ふつう憤慨をまくし立てる論調で）。しかし平均的アメリカ人にはそんなことわからない。どうすればわかるだろうか。アメリカ人のものの考え方が他国の文化にぐさりと突き刺さっていることは、外国に住んでみさえすれば即座にわかるのだが。

そうした影響力はワインにおいても変わらない。好むと好まざるとに関わりなく、アメリカはワインにかけては世界中でもっとも影響力の強い国である。これは私たちがフランス人やイタリア人のごとくワインを知っている、と言いたいのではない。それは大それたことだ。私たちの文化にとって、ワインは彼らほど深く浸透してはいない。それらしいことを口にするアメリカ人だってひとりもいまい。私たちは、自分が知らないということを知っている。

だが私たちは、自分が何を知っているかということも承知している。たとえば低収量が総じてより良いワインを生むことを。だから私たちは、そこらじゅうの生産農家に、本や手帳を携えていって、収量を落としてくれと迫る。また、総じて濾過をしないワインのほうが、きつい濾過をしたものよりも風味と触感がまさることを知っている。またもや私たちは声をあげ、資力に物をいわせた行動をとる。

なによりも私たちは、大っぴらに議論することはワインの品質向上に絶対不可欠だということを、こう言っては何だけれど、誰よりもよく知っている。こうした議論はきつい調子を帯びることもあり、それは正直言って、アメリカ人が公然とおこなう論説がきわめて遠慮会釈のないものだということにもよる。故A・J・リーブリングは五十年以上昔に、この拳骨むきだしの調子を『ニュー・ヨーカー』誌への戦時特派員記事で、こうとらえてみせた。

アメリカ人は最強の競争者である。高校同士でおこなわれるバスケットボールの試合でも、ちょっとした戦争に勝てるぐらいの堅固な魂としなやかな倫理観を呼び覚ます。アメリカ人は勝ちたい気持ちが強すぎるから、クリケット競技にみられるお行儀のよさとは縁がない。在庫豊富な情け容赦のなさも、我々のりっぱな国家資本なのである。

このことはワインにも表れる。カリフォルニアに行けば、ワインの名声を我先に追い求める勢いを目の当たりにできる。確かに国粋主義が一役買ったこともあるが、唄の台詞「あんたはいつだって好きなやつをいじめる」のたぐいだった。ワインライターは、カリフォルニアの生産農家を選び出すと同時に槍玉にあげた。もっと、ずっといいワインを、という圧力はすさまじく、ときには意地悪だった。

とはいえ、アメリカ人が自国の高級ワインにこうあってほしいと願ったからこそ、概してどこでもワインの品質は向上してきたといえる。でも、だからといってフランス、イタリア、スペインなどの人々が、より高い品質のワインを求めようとしなかった、などというつもりはない。無論そうしてきたであろう。だが、アメリカ人が無遠慮で、がさつなほどだからこそ、ものごとがずっとよくなるという面が確かにあるのだ。

遠慮なく言わせてもらおう（なにせ私はアメリカ人だから）。ブルゴーニュの著名人のなかには、アメリカ人を無理解、狭量であると感じて激昂した人もいる。それでもブルゴーニュの品質が向上したのは、私たちがはっきりとした声で彼らのワインに口出しをしたからだ。ドメーヌ・ルロワのような桁外れのワインへ喝采の声をあげ、よろこんでお金を払ったからではないか。ニーヨン、ソゼ、ラフォン、ルソー、ラヴノーらのワインもそうだ。彼らをはじめとする二、三十名のなかには、数ヴィンテージ前まで無名だったひともいるではないか。

しかも私たちはこうしたワインを見損じなかった。そのワインこそ、他をはかる判断の基準となるもの、基準とすべきものである。それが私たちのやりかたである。大声を出し、競争心をむきだしにして、そう、時には無理解をさらけだして。だが、その議論は誰の目にも開かれていて、誰でも参加することができる。

一年の終わりにあたり、最高のワインは不抜の意志と志操をもつ造り手が生み出すということを思い返しておこうではないか。それは、うるさくまとわりつく観客たちがいればこそであり、そこには国籍など関係がないのだということを。

（一九九五年）

「無学なアメリカ人は無視せよ」と言ったのはイギリスのクライヴ・コーツである。

かつてなくアメリカ人らしく

アメリカ人が外国にいて経験する奇妙なことがらを、私は言葉をしゃべる犬に喩えることがある。片田舎で出会った人から、あなたのようなアメリカ人が私たちの文化のそんな深くを理解しているなんて、といって驚かれる。ほんとうに唖然とされるのである。犬がしゃべるなんて誰も夢にも思うまい。

最近イタリアのピエモンテを旅していて、また同じことが起こった。昔からのなじみの場所である。一緒に夕食をとっていたのはピエモンテのワイン生産者で、世界中を旅する、誰もが知る男である。彼はアメリカの市場を知っている。だがアメリカ人のことになるとそこまでは知らない。

「連中がほんとうに理解していると思うかね?」。彼がたずねる。アメリカ人という意味だ。「私もアメリカ人だがね」。すこし無愛想に言ったら、苛だたしげに流された。「きみは違う。他の人のことだよ」

私は好きに言わせてもらうことにして、「アメリカ人は世界中でずいぶん甘く見られているんだな」と明言した。心底そう思ったし、かつてなくそう思った。

明くる朝、山奥のせまい宿屋を出てぶらぶらと散歩をしていると、二人の日本人ワイン関係者に出くわした。正直なところ私はびっくりした。霧深いピエモンテの山の上、こんなひなびた村にまで来ようとは。でも、驚くことはなかったのだ。私は、自分の言葉を反芻すべきだったのだ、「アメリカ人は世界中でずいぶん甘く見られている」と。

「アメリカ人」とはつまり、ワイン文化の新参者を誰かれ構わず指す言葉だ。ついでに言うが、フランス、スペイン、イタリアの厖大な数にのぼる新中流層も同じ仲間である。あなたは仰天するかもしれないが、いや失礼、甘く見るつもりはないんですが、銘酒の世界になじみのないヨーロッパ人がどれほど大勢いることか。アメリカ人や、日本人のように。

学習曲線が急勾配であることを、われらワイン好きのアメリカ人は知っている。それにしてもその速さには驚くほかない。ブルゴーニュの生産者ルイ・ジャドの総帥ピエール=アンリ・ガジェが最近私に話してくれたのだが、日本人がワインにはまる速さに目を見張ったという。「十年前、彼らはちょうど三十年前のアメリカ人のようでした。一番いいものだけを、値段にお構いなしに欲しがった。でもブルゴーニュをほんとうによく知っていたわけではありません」

「しかし最近はすっかり変わりました。日本の重要な顧客だけにかぎりません、彼らは自分のしているることがわかっている。ブルゴーニュをほんとうに知っています。もちろん今のアメリカ人とは段違いですが」。いかにもフランス人らしいお世辞だから真に受けられまいが、これはほんとうである。

こうしている今、新手の「甘く見た」ワインが進行中である。フランス、イタリア、そしてカリフォルニアの高級ワイン生産者のあいだには、「われらアメリカ人」の欲しがるものについて、ある種の冷笑がひろがっている。

つまり、ワインの新参者はすべて図体のでかい、色もおそろしく濃い、大物の赤ワインを欲しがると彼らは信じ込んでいるのである。よく儲かるそんな需要があるのも事実だ。公平を期せば、そんななかにもほんとうにすぐれたワインはある。

だが多くは作りもののワインだ。ワイン濃縮機から出てきたものをでっち上げたり（カリフォルニア、ピエモンテ）、ピノ・ノワール、ネッビオーロ、サンジョヴェーゼといった古来土着の品種に、シラーやカベルネといった、濃厚で強力なよそ者を添加してある（ブルゴーニュ、トスカーナ、ピエモンテ）。

ワイン製造において真空濃縮機が広く普及していることはほとんど知られていない。慣習的な収量過多による水っぽいブドウから水分を取り除き、見かけは濃暗色で濃密なワインを造り上げるのである。そんな機械がボルドーだけで二千台もあり、アントロピ（ENTROPIE）の商標で知られている。アントロピによれば、ボルドーの全格付けシャトーの過半数がこれを持っている。ブルゴーニュとイタリアにもさっそく現れた。

一見しただけでは真空濃縮機はまったく悪くなさそうである。余分な水分を取り除くだけで、ほらワインが良くなったでしょ。雨にやられた年などは天佑であろう。しかしこの十年間、雨続きのヴィンテージはろくになかった。真のねらいは、畑で望ましい限度を超えた量のブドウを作り、つぎに醸造所で濃縮工程をふむことにある。

誰も触れようとしないが、未発酵の果汁から排水されるのはただの水ではない。糖分と、銘酒の複雑な風味を生みだす何千もの香味成分も同時に抜けているのである。

糖分はあとで戻すことができる（補糖）、酸もまたしかり（この工程でバランスが変わることを忘れてはならない）。舌触りと味も悪影響を受ける。しかし、ひとり低収量のブドウ畑のみが産み出しうる味わいに、とって代わったり、これを代作したりすることは、しょせん無理である。

時はすべてを選別する。常にそれをやめない。悪いワインは残らない。だがすぐれた味覚は永らえる。そしてアメリカ人を甘く見ることはかならず無益に終わる――いや、いかなる国から来た人であろうとも。

（二〇〇二年）

フランスのアントロピ社は自社のウェブサイトで、ボルドー格付けシャトーが購入した真空濃縮機の台数を誇らかに謳っていたが、この記事が出てほどなくその情報を削除し、以後二度と目にすることはない。

グー、チョキ、パー

昔なつかしい子供遊びのじゃんけんをご存知だろう。鋏（チョキ）は相手を切って勝つ。紙は一見無敵にみえる石（グー）を包みこんで勝つ。

「ヨーロッパ大陪審」と大仰に銘打ったブラインド試飲会の結果を眺めながら、この遊戯を思い出した。主催者は全力で否定するだろうが、「大陪審」は、ヨーロッパ、わけてもフランス人からすれば野蛮に思えてならないアメリカが、ワインの美において優位に立とうとする状況を、矯正しようとする試みであった。

審査員はヨーロッパでなければならなかった。だって、ヨーロッパ人の味覚のほうが繊細で、澄んでいて、教養豊かだから。イギリス人さえ招かれた。それでも万事をとりしきったのはフランス人であった（審査会はボルドーで開催された）。この年はシャルドネが考査のテーマで、七か国から二十七本のワインが集められた。

さぞや壮観だろうと思われるかもしれないが、まあ待ってほしい。仔細に眺めると、七割はフランスのシャルドネが占めていた。カリフォルニアは一本、たったの一本で、イタリア、スペイン、ドイツ、スイスと同数。フランス以外に複数のワインを出せたのは一国のみ、オーストラリアの二本である。

それればかりではない、ヨーロッパ産はひとつのヴィンテージだけではなく、どれも一九八九年、一九九二年、一九九四年の三か年について審査された（ちなみにブルゴーニュでは、この三ヴィンテージはすべて白の最上の年だが、今このことには触れない）。

まだまだ先がある。フランス人は石橋を叩いて渡った——というか、そうしたと思った。その顔ぶれはシャルドネの殿堂入りをした不動のクリーンアップ打線だったから。リストに並んだのは、コント・ラフォンのムルソー・シャルム、コシュ゠デュリのムルソー・ペリエールといった錚々たるブルゴーニュだった。

ハイフォンつきの多彩なモンラシェも並んだ。ブシャール・ペール・エ・フィスとルイ・ジャドからは二本のシュヴァリエ゠モンラシェが助太刀に来た。オリヴィエ・ルフレーヴからはビアンヴニュ゠バタール。ルイ・ラトゥールとボノー・デュ・マルトレのコルトン゠シャルルマーニュの姿もあった。まだまだ、とでも言わぬばかりに、マルキ・ド・ラギッシュとジャック・プリウールのモンラシェまでもが顔を見せた。

まだ驚かないよ、という向きもあろう。ではドメーヌ・ソゼのピュリニ゠コンベット、ドメーヌ・ルフレーヴのピュセル、シャブリ最高の造り手ラヴノーのグランクリュ、ヴァルミュールはどうだ。

さてここからが本題だ。第一位に輝いたのはロバート・モンダヴィのシャルドネ・リザーヴ。次点はコント・ラフォンのムルソー・シャルム。すぐわかることだが、これは別に偶然ではない。そしてドメーヌ・ラヴノーのシャブリ特級ヴァルミュールが最下位であったのも偶然ではない。

さてこの結果から何がわかるだろうか。（a）ヨーロッパ人の味覚は一度にあまりたくさんのワインを利きわけられるわけはない。（b）優れたシャルドネはたくさんあり、どれも薄気味悪いほど作風が似ている。（c）甘いオーク風味がふんだんで、沈殿物とのコンタクトが長く、濃厚な果実味を押し出したスタイル（モンダヴィのリザーヴ／一位、ラフォンのシャルム／二位）は、大規模なブラインド試飲ではかならず強いが、いっぽうでラヴノーのヴァルミュールのように、硬く、一見すると特異な個性があって、時間のかかりそうなワインは、びりになるのが常である。シャブリは大がかりなブラインド試飲では絶対に目立たない。個性あふれるのではなく、いつも変り者にしか見えない。コシュ＝デュリの、石のように堅牢な、燦然たるムルソー・ペリエールですら七位に終わったということは、こうしたブラインドの場で、作風とは逆に、いかにワインの個性というものが表れにくいかを如実に物語る。

ブラインド試飲という「じゃんけん」対決では、紙みたいな作風が決まって石のような個性を覆ってしまう。ヨーロッパ人の味覚でもこれを避けられないのは誰ともかわらない。

この試飲会は、他にも大切なことを教えている。フランス人は気づいていればよかったのだ。もしもそのゆるぎなく偉大なブドウ畑から、作風や技法によって増幅された果実味くらいしか生み出せなかったら、アメリカ、イタリア、オーストラリア（カ・デル・ボスコとマウントアダムはそれぞれ五位と六位だった）の前にひとたまりもないということに。

誉れ高いブルゴーニュがどうしてこうなったのか。その答えは収量にある。白の最高位にあるブドウ畑でさえ、おおかたは収量が多すぎ、それが度を越したものもある。かれらが誇ってやまない「テロワール」は実在するのに、見失われ、薄まって、つまらぬものにしかならない。残るのは果実味ばかりで、これをフランスの樽と澱攪拌その他の技法で味つけするのである。

それは誰にでもできる。誰もがそうしている。ヨーロッパ人に聞いてみればいい。

（一九九七年）

若者よ、ワインの高値を嘆くな

ワインが好きで、値段にご不満のジェネレーションXの皆さん

最近の熱い話題、といっても経済界での話だが、収入や富の較差が拡がりつつあるそうだ。収入とは誰も知るとおり、手にすればすぐ財布の厚みになるものだ。富のほうは、収入が蓄積された成果であり、株式、債券、不動産、そしてここが肝心だが、個人のワイン資産、といった形をとる。

間違えてはいけないが、セラーのワインとは換金しない小切手のコレクションみたいなものである。そして私たちはたいてい、年収が頭打ちにでもならないかぎり、その小切手を貯えておこうなんて思わない。

こんなことを言うのは、私個人の経験で痛感しているからだ。今でこそ、それなりのワインが集まっているけれど、いつもそうとは限らなかった。多くの若い人のセラーの現状と同様、やっと手に入れたものだった。

ここでようやく（ちょっと面白くない）本題に入ろう。私は二十代、三十代の人に、あきらめるなと言いたいのだ。絶対にセラーの夢はかなう。まあどのみち、少し多いくらいの本数だけど。ただしここには落とし穴がある。そのセラーは君自身の夢からこつこつと築きあげたものであるべきだ。その夢は『ワイン・スペクテイター』のでも、私のでも、ましてや全知全能のワインの権威のでもない。言い換えれば、甘くとろける幻想できみを責め苛むまい——ここは正直になろう——それは私たち

の飯のたねにすぎない。私たちが試飲し、書きたてているのは、かならずしも自分が持つワインと同じではない。なぜか。きみがそうしたワインがないふりをしたいのではない。あるにはあるが、高額オークションに出せそうなものなんてごくわずかだ。私がこう言うわけは、きょうびのワインは高すぎるという泣きごとを聞くのに飽き飽きしているからだ。今日のワインの世界に居場所がない、と言ってね。

気にしないことだ。それはほんとうじゃない。ほんとうのことを言えば、今きみの手が届かないワインは、二十年前の私にも手が届かなかった。確かに値段は変わったけれど、それにつれて入手難も変わったわけではない。

これを確かめたくて私はセラーを引っかき回し、古いワインカタログの入った、埃まみれの箱を捜しだした。そのひとつに今はなきサンフランシスコのワイン商「ドレイパー&エスキン」冬季版カタログがあった。この店は値段も安かった。公正を期して言わせてもらえば、当時私はフルタイムのフード&ワインライターとして、週給一八五ドルの身だった。

では私が買いたかったものは何か。おお、ドメーヌ・ルフレーヴのピュリニ=モンラシェ、レ・ピュセルの最新作一九七七年がある。三一・七五ドルか。今は九〇ドルだが、今も昔も痛い値段だ。

ボルドーの大看板に心が傾いたことはないが、記録上紹介すると、一九七八年シャトー・シュヴァル・ブランは一九八一年当時六二・五〇ドル。週給の三分の一もの金を一本のワインに投ずるなどできもしないし、するつもりもなかった。余談だが、ラフィット、ムートン、ラトゥールはどれも同じ六〇ドルちょっとだった。

私が夢に見ていたのは（きみもそうに違いあるまい）、ドメーヌ・ド・ラ・ロマネ＝コンティのワインだった。当時、直近のラ・ターシュがいくらだったか当ててごらん。はい、おわり。一九七八年で一三〇ドルです。今も昔も手は届かない。

誰か経済学の秀才なら、当時と今との購買力の相似性を解明できることだろう。だが、お伽噺めいた「古き良き時代」が実はさほど夢のようなものでもなかったというのが、これでよくわかっただろう。かつて伝説的だったワインはいつの時代も夢物語だったわけで、今日のありさまと何ら変わらないのである。

それはそうとしても、ほんとうの違いはあり、これを軽視しようとは思わない。二十年前、大学はそんなにお金がかからなかった。住宅はかなり安かった。自動車もずっと安かった。今ではどれも重くのしかかってくる。

それに、今では二十年前とは比べものにならぬほど高額ワインがあふれている。実際、カリフォルニアには高価なワインなどなく、せいぜいハンゼルかハイツぐらいだった。逆に今ではほんとうにみごとなカリフォルニアワインがたくさんあって、二十年前では考えられぬほど割安な価格で売られている。

では率直に言わせてもらおう。人々がしてきたようにこれからワインの収集をはじめようと思うなら、無名あるいは一般受けしていない産地のワインを追い求めることだ。まだ大騒ぎになる前の生産者を探すのもいい。当節は時代遅れになっているワイン、という手もある（ソーテルヌがどれほど安かったか思い出してほしい)。
こうしたワインはどれも燦然と輝くワインではなかろう。ワイン雑誌の巻頭特集になるようなワインでもない。テキサスの億万長者に妬まれることもなかろう。だが、きみは本物のワイン資産を持てる。注意深く選びぬき、巷にあふれるアドバイス——補足すれば二十年前にはこれも存在しなかった——から身をかわしていければ、きみの夢のワインセラーは実現する。それはきっとみごとなものだろう。

(一九九七年)

十年間で何と変わったことだろう。ドメーヌ・ルフレーヴのレ・ピュセルは直近の収穫年で今や一本二五〇ドル、あのラ・ターシュに至っては、年にもよるが一本千ドルから五千ドルもする。シュヴァル・ブランは九〇〇ドル。とはいえ今日、よほど愛らしくて熟成させがいのあるワインが、スペイン、ギリシア、イタリア、フランス、アルゼンチン、チリ、ニュージーランド、オーストラリア、カリフォルニア、オレゴン、ワシントン、ブリティッシュ・コロンビア、オンタリオなど各地から生まれている。わずか十年前とでも較べものにならない。そしてどれもきわめて穏当な値段で売られている。

この時代の真実

ヨーロッパ中のブドウ栽培地域で、古い石造りのすてきな建築を目にすると、ワインには時代を超えるものがあるような気がする。だが今日ワインを産み出している新しい仕組みは、ロマンチックな過去をなぞるものではなく、私たちの古い先入観をあらためさせる、進行形の創造といっていい。今日、いやこれから数十年間のワインのありようを理解するには、次のように考えることだ。

価格は品質と関係がない

かつてあったとしても、もはや価格と品質とのあいだには、何ひとつとして相関性がない。ひとつもだ。しかし需要と価格とのあいだには不動の相関性がある。品質も一役買っていようが、価格の大部分は不足感、宣伝広告、排他性を実感させることなどで決まる。フランスのシャンパーニュはその好例である。

史上類を見ない品質と価格との不均衡が生じた一因として、技術的なものがあげられる。醸造技術者はどこにいようと等しく優れた設備に恵まれている。また、等しく堅固な科学教育を受けている。グローバリゼーションもその一端を担っている。アメリカ、ヨーロッパ、アジアの別を問わず、今日の人々が飲んでいるのは十カ国を超える国々からの低価格ワインで、その本質的な内容と個性（これがたいせつだ）に対し、価格は追いつく気配さえ見えない。

多くのワインは思いのほか長命で、向上もする

これは価格と品質との乖離から推論できる。今日のワインはたいへん良くできているものが多く、本質的に優れたものもあるなかで、プーリア地方とかアルゼンチンといった場所は低価格に甘んじているが、いっぽうで古くからの自然発生的な価格と寿命との結びつきも分断されてしまった。

ただし大切なのは、単にワインが長生きすることではなく（それは丈夫かどうかの問題だ）、待つに値するかということだ。今日優れたワインは、いたるところでおびただしく造られているが、こうしたワインは長持ちするだろうし、それればかりか行く末どうなるか興味津々たるものがある。ミュスカデ、モスカート、バルベーラ、ブラウフレンキッシュなど、どのワインにも同じことが言える。

きわめて興味深いワインが冷遇されている現状

多くのワインライター仲間や小売店が、無名のワインと生産者に脚光をあてようと奮戦しているが、その価値があるワインも地域全体も、どれもまだ隆盛にほど遠いのが現実である。

べつにこの場で非難声明をだそうというのではないが、ハムレットの台詞に「天と地のあいだには、おまえの叡智で及びもつかぬことがたくさんある」とあるように、私たちの「ワインの叡智」――私自身も含めてだが――がたいして先進的でも包括的でもないことは認識しておこう。

この点ですぐれた例外といえるのがレストランのソムリエである。どんな職種にもまして、彼らのワインの叡智は大きな広がりをもち、力のこもった言葉で、名もなき銘酒やワイン生産地、生産者らを世に広めた。それはグリュナー・フェルトリナーであり、イタリアやスペインの生産地や生産者らであり、ギリシア、ハンガリー、ニュージーランド、オレゴン、ワシントンはおろかカリフォルニアからも生まれる新しいワインだった。

今日のワインは「インストール済み」か「選択式」のいずれかである

コンピュータ業界ではソフトウエア会社が何億ドルも払って、新型コンピュータに自社製品を最初から搭載してもらう。代替品がほしい人は、自分でダウンロードする必要がある。ワインでも同じことが起きている。

大物ワインとでもいうべき世界では、この十年間にブランドの勢力がかなり少数に絞り込まれた。生産者側の枢軸は、コンステレーション・ブランズ、ディアジオ、E&J・ガッロの三社である。

これら三社には巨大な流通網を必要とする。そこでサザン・ワイン&スピリッツ・オブ・アメリカ(SWSA)が登場する。同社はアメリカ全土のアルコール飲料十九パーセントを取り扱う。その新たなジョイントベンチャーは、テキサスと中西部の巨人、グレイザース・ディストリビューターズとの合弁で、全国シェアを三八パーセントにまで拡大することが見込まれる。

これはとりもなおさず、ワインの小売業界、とりわけスーパーマーケットでは、酒棚に並ぶワインの圧倒的多数が、インストール済みであることを意味する。好むと好まざるとに関わりなく、それが実情だ(現実にこのことは何十年も続いてきた。ただ規模が変わっただけである)。

重要なのは、その他すべてのワインは、進んで捜し求めダウンロードするソフトウェアと同じ「代替品」だということだ。

以前にもまして、ワインを買う人は二極化している。受け身で、目の前にならべられたものから選ぶ人(大多数)と、進んで捜し求める人とに。

現代のブリヤ=サヴァランならさだめしこう言うだろう、「きみの買い方を言ってみたまえ、きみ

が飲んでいるものを当てて見せよう」と。（二〇〇八年）

二〇〇九年、ＳＷＳＡとグレイザース・ディストリビューターズとの合弁は解消された。それでもＳＷＳＡはアメリカ酒販流通業界において、今なお支配的な勢力をもち、その支配力を強めている

第二章　試飲論

言うまでもなく、ワインの核心は味わうことにある。だが、試飲をすることは、単にすばやくワインで口をすすぐことではないし、瓶と言葉を羅列することでもない。音楽に聴き入り、のめり込んでゆくほどに、音楽は世界を拡げてくれ、楽曲の注釈を超える発見へと導いてくれるが、ワインを味わういとなみもこれと似て、経験を深めてくれる。どうしてなかなか奥の深いものなのだ。

腰の入ったワイン、引けたワイン

最近、カリフォルニアのワイン会社と、生産品目についていつになく密なやりとりをする機会があった。会社の生産品目などと言ってからかうのはたやすい。確かに、ワイン造りの父ちゃん母ちゃんに較べれば、スーツを着ているやつは多いし、ワインも勢揃《スーツ》いである。揃っていれば量がさばける。実際、そこが自慢であるし、よかれ悪しかれ、それこそが彼らの通貨である。

だがそれまで、彼らの心から離れない心配事が理解できなかった。彼らはほんとうにお客を恐れているのだ。たとえば、コルクで詰める瓶の三〜五パーセントはブショネになると判っていても、決してスクリューキャップを採用しようとはしなかった。

公平にいえば、ワイン会社にはまことに民主的な体制が整っている。シャルドネをご要望ですか？　どうぞこれを。もっとシラーを？　承知しました、お客様。何であれ消費者の欲しがるものであれば、何が何でも供給しようとする。しかし、その第一義的な関心は、ぴたりと市場に向けられているがゆえに、ワインの生産品目は、追いつこうとして追いつかぬ、どうにもじれったい役回りにある。ブドウ畑から市場にいたるまでには大きな時差があるからだ。

今日のワイン界において、法人経営の形態がとてつもなく強大になるにつれて、背広組と生産品目は重きをなしてきた。またそのせいで、ワインの新しい格付け方法が生まれた。言っておくが、ブドウ品種や「テロワール」のことではない。今やワインは、腰の据わったワインと、腰の引けたワインという二つのタイプに分けられるということだ。

ロバート・モンダヴィのワインがどうなったかを見てみよう。ロバート・モンダヴィ自身は根っからのワイン人の第一人者である。確かにたくさん稼ぎもしたろう。だが、市場を先導しようとする彼の志はゆるぎなく、一般の嗜好に追随するのでなく、むしろ嗜好の意味を照らしだしてくれるようなワインを造ろうとした。名声は、腰の据わったワインを造ることで築かれたのである。

一九七〇年代から八〇年代のモンダヴィの黄金時代、最も低価格帯の「カベルネ・ソーヴィニョン」でさえ、相当な生産量でありながら、どうしてこれほどうまいのかと、多くの評論家や愛好家は驚きを隠さなかった。高価格の「リザーヴ・カベルネ」は、つねに最上位にいた。モンダヴィは押しも押されもしない存在として、大量生産など考えもしなかった。しかし一九九三年に株式が公開されると、背広組が乗り込んできて、そうはいかなくなった。

腰の引けたワインとはどんな味か。ひとことでいえば「見当のつく」味だ。ひところジョニー・カーソンがやっていたコメディ番組「カルナック・ザ・マグニフィセント」で、彼は閉じた封筒を額にあてただけで、中のクイズの正解を高らかに唱えていた。

今日そこそこ経験のあるワイン飲みであれば、こうした「腰の引けたワイン」のラベルを見ただけで同じことができる。抜栓するまでもなく、中のワインはどんな味がするのかを的確に言い当てることができる。

腰の引けたワインは、多かれ少なかれオークの風味がする。果実味は強烈だが、ごくごくと飲み干せ、ワインでなく、まるでジュースでも飲んでいる気にさせられる。何よりも、よく似たワインとなら互いに交換できそうな味がする。ちなみにこの点について国境はない。腰の引けたワインはフランス、イタリア、オーストラリア、カリフォルニア、スペイン、チリその他、個々人でなく背広組が統治するところであれば、どこにでもある。

腰の入ったワインを飲むと、良くも悪くもこうしたことはすべて鮮明に映し出される。見当がつくような要素は何もない。味わいは独自のもので、挑みかかるようでさえある。

そんなワインは小さなワイナリーからしか生まれないのだろうか。たいていはそうだ。しかし規模だけが決定的要因なのではない。そうではなく、ワイナリーの経営にある。腰の入ったワインは特定の人物から造られるものだ。たいていそれは意気に燃えたオーナーで、自分の貯えと、しっかりした考え方が元手である。ときとして、オーナー然とした物腰の支配人ということもある。

ワイナリーが大きいと腰の入り方もややこしくなるが、それがだめということはない。ただ、ポーカーをやる人が知るとおり、自分の手が強ければ強いほど、リスクを冒す気持ちは弱くなる。ほんとうは、強いプレイヤーほどリスクを冒す余裕があるのだから、これは皮肉なことだ。でも、めったにそうする者はいない。

小さなワイナリーは、その覚悟のほどをためすことに、心理的な余裕がある。今日のカリフォルニアで時代の先駆けとなったワインはほぼすべて、自前の小さな元手で始めた生産者から生まれた。ヴィオニエ、グルナッシュといったローヌの品種で最初に注目をあつめたのは大資本ではなかった。今、誰もが追随するピノ・グリにしてもそうである。

そこで、今度ワインを飲むときは、自分の胸に聞いてみてほしい。これは腰の引けたワインか、腰の据わったワインか？と。その答えが瞬時に、躊躇なく口をついて出てくることに驚くだろう。今日その違いはこれほどはっきりしている。

（二〇〇五年）

ブラインドにつかまる

正直に言わねばならないが、私はブラインドテイスティングの劣等生である。良心（と証人）の声を聞けば、そう告白するほかない。ブラインドテイスティングで私のとなりに坐っても、メモを書き写さないことだ。さもないと、試飲クラスの補習講座でもう一度私のとなりに坐るはめになる。

不徳の致すところを示したのだから、なんというか、真っ当な入りかたではないが、ようやく本題に入ることができる。ブラインドテイスティングは切れすぎる道具と同じで、うまく使いこなさないと痛い目にあう。私は年を追って、ラベルを見るほうが性に合う気がしている。

間違えないでほしいのだが、私はブラインドの試飲を強く支持するものだ。『ワイン・スペクテイター』はほぼすべての試飲にこの手法を用いる。これ以上公正な手順は考えられない。真の公明正大が期待できる。

しかし同時に、ブラインドテイスティングには「よい子の皆さんはやめましょう」と言いたい一面がある。ディナーの席上、招待者がこういうのをどれほど聞かされたことだろう、「今夜は食事をしながら、何本かブラインドで較べて楽しみましょう」と。ちょっとご主人、勘違いしてます。私はそんなこと天に誓っても楽しめない。同席者にしても、歓声をあげる人はまずいない。

食卓でのブラインドテイスティングはイギリス人のお手のものだが、イギリスかぶれのアメリカ人も同様のようだ。イタリアや、ボルドー以外のフランスで、同じ目にあったことはない。ちなみにボルドーはイギリス（とアイルランド）との縁が深いところだ。

イギリスのワイン好きの社交の場で、どうしてこれほどブラインドが楽しまれるのか、それはきっと彼らに説明してもらうほかなさそうだ。空想の域を出ないが、食卓でのこうしたブラインドテイスティングの嗜好は、彼ら上流階級の学窓「パブリック・スクール」での昔の杖うちの罰から、いびつな反動で生まれたのではあるまいか。一度でもそんなものを食らったとしたら、いかばかりだろう。

理解力と感受性を研ぎすますのだというのがその言い分である。結構だ。立派な校長先生は皆さんそうおっしゃる。恥をかきたくない一心で感覚が向上するというのなら、その限りで主張に理はある。だがそれは人を受け身に、みじめな思いにさせるばかりである。

そこで私は、いつもこう言うことにしている。ブラインドで飲むのは、ワイン雑誌とニューズレター、それから系統的手法をもつワイン教室に任せておけばいい、と。こうしたブラインドテイスティングで場数を踏んだ私が（もちろん不出来だが）声を大にして言えるのは、ラベルを見たほうが、より良く、より多くを学べるということだ。

たとえばキアンティ・クラッシコという広大な地域の中に、飛びぬけてすぐれた生産者三名が集まる一角があって、彼らのワインには著しく共通する味わいがある。カステッロ・デッラ・パネレッタ、ファットリア・モンサント、イゾレ・エ・オーレナをブラインドで味わうと、三者のうちいずれか一、二に好みを覚えるだろう。だが、大がかりなブラインドテイスティングの中では、鋭敏な試飲者でもその共通点を見抜けるかは怪しい。いっぽう、教わりながら一緒に供されたなら、容易にそのことに気づくことができる。

ここをはっきりさせてほしいのだが、ワインを味わうのに唯一正しい方法というものはない。ブラインドはラベルでワインを飲む気取り屋を謙虚にする。ブラインドのエキスパートはいない。面前のワインが、一見すると控えめであっても、真に高雅なものだと気づかされることもある。だからブラインドを完全にやめてしまうべきではない。

だが、ブラインドになじみすぎると、ある種の傲慢に至るものだとも言っておこう。私はナパ・ヴァレーの醸造家に、ブルゴーニュでテロワールの違いなんていうのはみんな戯れ言よ、と言われたのを忘れられない。

「私たちの集まりで、いろんな畑を、ルフレーヴ、ラフォン、ニーヨン、ソゼといった造り手のワインで試飲しました」「何回やっても、私たちはワインを造り手のスタイルでしか見分けることができなかった。つまり、どちらがバタールでどちらがシュヴァリエか、なんてことは判らないんです」ときっぱりと言った。

最初にラベルを見てじっくり飲まなかったところに問題があるのでは、というと、彼女は、それは「予断をもった飲み方ね」と切って捨てた。

個人的には、ワインが生まれた場所を知ったうえで、そこから考えを紡ぎだすことのほうを私は好む。造り手を知っていればなおいい。これは予断をもつことだろうか。確かに。でも、それがどうした？　ブラインドの試飲者たちにしても、その「われら公正無比に試飲せり」という手法による予断をやはり免れない。

音楽を聴くとき、作曲家や演奏家を知っていたら、私たちの鑑賞力や洞察力は鈍くなるのだろうか。まさにその反対だと思うのだが。

（一九九六年）

またもや大試飲会

ロサンジェルス。アメリカにおけるワインの楽しみ方の中でも、とりわけ風変わりなのが、盛大なワイン会である。三十年前なら、特定のタイプのワインを一晩に十五ないし二十も飲むことはたいへんな僥倖（かつ疲労困憊もの）と思われたものだ。

しかしアメリカにワイン収集熱が勃興すると、ワインへの情熱はそんなささやかな取り組みをたちまち膨張させ、一晩に何十本はおろか、ときに日付をまたいだ「ワインの週末」で、何百本ものワインを蕩尽するまでになった。

つい先週も、オークション会社アッカー・メラル&コンディットは、ニューヨークで三日に及ぶブルゴーニュワインの大宴会を催し、〈パーセ〉〈ブーレイ〉〈クリュ〉で一一五種のワインを空けた。ひとり七九九九ドルで、席は完売した。

一方ロサンジェルスでは、ワイン狂の物理学者ビピン・デサイ氏が、二十年にわたり同様に常軌を逸したワイン会を催してきたが、会の料理はサンタモニカの〈シノワ・オン・メイン〉と、ビヴァリーヒルズの〈スパーゴ〉から届く。どちらもウォルフギャング・パックの経営だ。このワイン会では、一本何千ドルもするボルドーとブルゴーニュが湯水のごとく飲まれる。

先の週末は、デサイ氏にしては珍しく、とみずから挨拶でいうとおり初めてリースリングのワインに特化した会であった。彼はこう言った。「二十年間、私はこれまでリースリングをお出ししたことはありませんでした」「でも、もしそうするなら、トリンバックのクロ・サン・テューヌをおいて他にはあるまい、と思っていました」。デサイ氏がさほど多くのヴィンテージを飲んだことがないと認めるクロ・サン・テューヌは、アルザスの単独最高峰と評されるリースリングである。

そう認める気持ちは、きっとその夜の四十三名の参加者の多くに共通していたに違いない。それもそのはずで、クロ・サン・テューヌの生産量はきわめて少なく、年間七百ケースがいいところ、とは当夜のためにアルザスから飛んできたジャン・トリンバックの言葉である。

クロ・サン・テューヌはわずか三・二エーカー〔＝一・三ヘクタール〕の単一畑から産まれるワインで、

古樹は一九五〇年代にさかのぼる。当夜のワインはすべてトリンバックから蔵出しされたものである。

クロ・サン・テューヌは確かに真打ちであったが、その夜はトリンバックのまた別のリースリング「キュヴェ・フレデリック・エミール」も並んだ。グランクリュのゲイスベルクの畑を主体に、隣接するオステルベルクのブドウを少し加えたワインで、トリンバックはこちらのほうがずっと手に入れやすいという。「フレデリック・エミールは年産三千五百～四千ケースですから」

クロ・サン・テューヌは一九七一年から二〇〇〇年までのあいだ、全部で十八回のヴィンテージで、キュヴェ・フレデリック・エミールはやはり同じあいだ十六回のヴィンテージで造られた。一晩で三十四ものリースリングとは、しかもご存じのとおり只者ではないから、そのへんのワインとチーズの飲み会とはわけがちがう（実はチーズがなかったのは惜しまれたが）。

これ見よがしであるのは当然としても、こんな会が果たしてどれほど有意義であろうか。答えは壮大な賛否両論だろう。私もかつてこういう会に参加し、いつも贅沢三昧の試飲（と吐き出すこと《スピット》）に畏れをなし、同時に憂鬱になって退散したものだ。居並ぶ壮麗なワインのどの一本でも、それだけでゆったりした晩餐を楽しみ、物思いにふけることができるというのに。そのかわり、ワインは美人コンテストさながらに追い立てられ、美点は冷たく組織的に検査され、容赦なくはぎ取られてゆく。まるで性愛をめぐる討論会で司法解剖医が基調講演をするようだ。

そう割り切れば、こうした試飲会から学ぶところは多い。たとえば、この二つのワインが三十五年以上にわたり比類のない品質を築いてきたことがわかるのは、壮観である。そればかりか、今日のワイン界ではきわめて稀少になったことにも思い至る。どちらのワインも、作風にまったく変わりがないのである。

これは一瞥だけではさほど目だたないのかもしれないが、まことに稀有なことだ。ボルドー、ブルゴーニュ、イタリア、スペイン、カリフォルニア、オーストラリアといった場所で、しかもとりわけ高名で世評も高い造り手でも、この三十年間ワイン造りのスタイルが変わらないという例は極めて少ないからだ。ボルドーの赤はほぼすべてが変わり、一部は過激なまでに変わった。ブルゴーニュの赤も、イタリアを代表するワインも同様である。

それでもトリンバックは、まさに二つの看板リースリングで、独自の哲学に忠実であり続けた。さらに彼らの手法は、今日主流の、マーケットの顔色をうかがうような、びくびくしたワインビジネスでは、ご法度とされる見本のようなものである。たとえばクロ・サン・テュードもキュヴェ・フレデリック・エミールも、マロラクティック発酵をさせないのだが、この工程によればこそ、きついリンゴ酸はバクテリアのはたらきで穏やかな乳酸に変わるのである。

つまり、ワインにはきびきびした酸味が残るだけでなく、すっかり熟成するためには、数年はおろか数十年もかかるようになる。これは試飲会で否応なくわかったのだが、大半のワインが収穫後十五年程度では、まだ熟成の端緒についたばかりだった。

また、どちらのワインにも、ヴァニラの香るオークの小樽は使われない。かわりに、何の風味もつかないオークの大樽で、さほど長くない時を過ごす。ワインは収穫後十八ヶ月そこそこで瓶詰めされ、新鮮味と果実味が閉じこめられる。どちらのワインもつねに並外れてドライな味わいで、当節カリフォルニアのシャルドネはおろか、数えきれぬアルザスのワインでも、舌に媚びるような甘さが当たり前だが、そんなものとは無縁である。

抜きんでていたワインはどれか。言うまでもなくクロ・サン・テューヌは精緻な味わいとミネラル風味にあふれる傑作で（土壌の八〇パーセントは純粋な石灰岩）、キュヴェ・フレデリック・エミールよりも長命である。現在ほんとうに熟成しているのは八五年と八三年だけで、七九年、七六年にはかすかに果実味が消えた跡がみてとれ、わずかに下降線をたどりはじめている（七一年は残念ながらコルク臭がついていた）。

キュヴェ・フレデリック・エミールは、クロ・サン・テューヌに肉薄するみごとな品質。ミネラル風味はすばらしく、おおらかな果実味には、いかめしいクロ・サン・テューヌにみられない柑橘系の香りがよりそう。熟成はこちらのほうがやや速い。一九九〇年のキュヴェ・フレデリック・エミールはカーブを曲がって完熟状態に達しようとする頃、同年のクロ・サン・テューヌには飲み頃の気配すらない。二つのリースリングの違いをたとえるならば、極上のスイス製コットンと絹の違いのようなものだ。

その違いは価格にもあらわれる。二〇〇〇年のキュヴェ・フレデリック・エミール（最近の当欄でもお奨めしたが、このワインは試飲会でも輝いており、二〇〇〇年がトリンバック大成功の年という確信が持てる）は三五ドル、二〇〇〇年のクロ・サン・テューヌは一六〇ドルする。どちらを買うのも予算次第だが、キュヴェ・フレデリック・エミールが超お買い得なのは言うまでもない。（二〇〇六年）

私はビピン・デサイの気前よい試飲会に何度か参加した。こうした催しがどれほど有意義なのか、彼の真摯な思い入れに私が同感でないことをきっと彼は知っているのだが、それでもいつも丁重にもてなしていただいた。私が招かれるのは、主役のワイン生産者が自前のゲストを数名選んでよいことになっているからで、トリンバックの会ではそうだったのだと思う。共同経営者ユベール・トリンバックは私たちが結婚したときの証人で、「クロ・サン・テューヌ リースリング」のラベルには、式を挙げた小さな古い教会が描かれている。

偉大なワインを知る

先日友人から、率直ではあるが無垢とはほど遠い質問をされた。「今飲んでいるのが偉大なワインだってことは、どうすればわかるんだい?」。私は、重層的な味わいとか、独自の味とか、奥行きの深さなどといったお決まりの言葉を口にしてから、はたと思いとどまった。

「ほんとうはすごくわかりやすいんだ」。私はこう応じた。「偉大なワインを飲むと、自分が天才になったような気がするよ」

年中ワインのことを考えていて、ずるいほど偉大なワインを飲んだり、いやになるほどひどいワインを飲んだりするわりには、偉大なワインというものが、意外なほど苦もなく理解できることに思い至らなかった。むしろ、ふつうはその逆を聞かされる。曰く、偉大なワインを理解するには前後の脈絡をつかむ感性が要るとか、いかにワインのあれこれを知らねばならないか、とかきりがない。

だが、誰しも初めて味覚からいっさいの尺度が消え去って、ワインに悟りが開けたような「無垢なひらめき」のときを思い浮かべると、断言できるが、あとはすべてどうでもよいと思われたにちがいない。

偉大なワインは該博な造詣を要したりはしない。その反対に、グラスから飛びだしてきて両の鼻孔をとらえ、地底にいる空想上の怪物さながら人をその懐に引きずり込み、抱きかかえてしまう。だが少しも息苦しさはなく、有頂天になる。感覚は解放され、胸がいっぱいになる。人生が豊かに、すてきになり、生き甲斐がわく。大きな秘密を知ったような気持ちになる。何といっても、大きな達成感がある。

これが偉大なワインからの授かりものである。ワインはあますところなく真価を発揮していながら、なお味わっている自分が非凡な人でもあるかのような気になる。すべての構成は明快でまことにわかりやすく、勘違いしようがないほどなので、恥も忘れて相好を崩してしまう。「まさにそのとおり」。あなたの言葉には一片のためらいもない。

これが私が、たとえば初めてラ・ターシュを飲んだときなどに感じたことだ。当時私はワインのひよっこだった。正直に言うが、ペパロニ〔サラミ・ソーセージ〕のピッツァでアスティ・スプマンテを飲んで、それが絶好の組合せと思っていた。それがどうしたわけか、ラ・ターシュのグラスにめぐり会ったのである。あとは言わずもがな。ワイン好きなら誰にでもある話だ。

それ以来、私はワインに関するあらゆることがらをくまなく探索しようと努めた。ドイツのリースリング、ボルドーの赤、ブルゴーニュの白、バローロ、カリフォルニアのカベルネなどなど。ヴィンテージの知識がたくましくなると、ワインの経験でいわばサンゴ礁が形成されてゆき、面前の最新ワインを、脳裡でその前作群と比較することができた。それがすごいことに思えた。経験を積んだと思っていた。

真に偉大なワインを飲むたび、私は自分がすごい奴だと思った。ばかであった。偉大なワインには、中国の道教の開祖たる老子が二千五百年以上前に著したとおりのことがあてはまる。「最高の師がなし遂げたことを、人民はすべて自ずとそうなったといって驚く」〔老子第一七章「功成事遂、百姓皆謂我自然」〕

どうして私たちは年じゅう偉大なワインを飲もうとしないのだろうか。できないからだ。お金や希少性のせいではない。私は偉大なワインばかりを飲んで暮らしている人びとを現実に知っている。彼らは飽き飽きして、疲れている。面前のワインをろくに意識していない。

初めてこの様子を見たとき私は愕然とした。偉大なワインというのは、その定義からして、めったに飲んでいいものではない。だが、今日では以前よりずっとまれになったのは皮肉なことだ。どうしてそうなったのか、理由は簡単で、品質の開きがなくなってきたからだ。私たちが口にする普通のワインがそうなったのは、最近のことにすぎない。偉大なワインは灯台のように屹立していた。農民と紳士とでは、所作も話し言葉も、服も教育も、かけ離れていたことを思ってほしい。同様にワインにもかつては計り知れない明白な違いがあった。

かつて高名だった二十世紀初頭の英国の作家、P・モートン・シャンド、モーリス・ヒーリー、アンドレ・シモン、H・ワーナー・アレンといった人びとは、いつも変わらずシャトー・ラフィットやモンラシェを飲み、いろいろなシャンパン、そして彼らの言う「ホック」（ドイツのリースリング）、ポートなどをときおり口にするばかりだったようだ。そのワインの世界は五ダースほどの銘柄で完結していた。彼らが日常親しんでいた偉大なワインからすれば、格下のワインを飲むことは、さながら身を落として魚屋とお昼を食べるような気分であったはずだ。ディズレーリの小説『シビル』で登場人物がうまいことを言っている。「私はいっそ悪いワインが好きだ。いいワインには飽き飽きしたよ」

（二〇〇四年）

ワイン野郎になるには

どうしてそんなに厖大なワインの知識を身につけられたのかと驚かれるかもしれない。そこまで深く通じているとは。そこまで古いヴィンテージを飲む機会があるとは。ではひとことで説明しよう、煙に巻くためさ。

そのぐらい単純なことなのだ。たとえば、ブルゴーニュの達人とみなされるとはどういうことだろうか。舌がばかになるまで、窓の壊れたブラインドみたいになるまで試飲する手もあるが、役には立つまい。

では、サヴィニ＝レ＝ボーヌの「セルパンティエール」と「ナルバントン」とがどう違うかを知りたいだろうか。申し分なく熟成した、まっさらな瓶を、栽培農家のセラーから、しかもただで試飲してみたいだろうか。お任せいただこう。

真にワインの達人たらんとしたら、厖大なお金を投じ、何十年もかけて、数えきれない試飲を重ねる手もある。そのあかつきに、もしかしたら、あくまでももしかしたら、そこに手が届くかもしれない（現実にはそうならない。私の経験では、飲めば飲むほどわからなくなる、という格言が確認できた）。

ではこうしよう、あなたはどこかのじめじめしたセラーのなかにいる。フランス語、イタリア語、あるいはカリフォルニアのワイン用語に悪戦苦闘している（「このワインを造ったブドウは畑の上方のやや下で、pHは適切でした」とか）。

いよいよ試飲になると、あなたは万事控えめ、遠慮がちに徹しようと腹を決める（私はこれが一番苦手だ）。そしてこう言う。お心遣い恐縮です、もしも差し支えなければ、ブラインドで試飲させていただいて、どこの畑なのか申し上げてみたいのですが、と。

こう聞かされたら、生産者はかならず携帯電話をつかんでご近所中にふれまわり、お客があほな真似をするから見にこいよ、と言う。そしてそのとおりになる。

念のために言うと、世界中、一流の造り手という人びとはほとんど農民である。大地に根ざしている。ユーモアのセンスも気取りがない。昔懐かしいお祭りの出し物で、お金をはらってボールを投げ、的に命中させると、あわれな犠牲者が水中に落っこちる、というのがあったが、あれに似ている。

この場合、あわれな犠牲になるのはあなた自身だ。その場所がフランスとかイタリア、スペイン、ドイツであれば、生産者はぬかりなく礼儀正しいから、「ムッシュー、もちろんそうですが」とか言いながら応じてくれるが、アメリカ人は無遠慮なので、「うそだろ」という返事がくる。

さあ、お楽しみのはじまりだ。目の前の立てた樽の上にグラスが六脚並んだ。灯りは薄暗い。ワインは樽から抜きとったサンプルで、見てとれる違いといえば昨日と今日の銀行残高の差ぐらいしかない。

グラスをぐるりと回す。香りをかぐ。最終決定を下すかのように吐き出す（私はうまいスピットの仕方が修得できなかった。これがうまいと味覚も確からしく思われるだけに悔やまれる）。

とうとうあなたは前に歩みでる。もう遠慮の仮面はとっていい。言葉も力強く、こう言う。「はじめのグラスはセルパンティエールだと思います。いつもこの畑のワインに感じられる軽やかな繊細さがあるからです」。むろんこれは大外れで、さっぱり判っていない。でもあなたは徹頭徹尾プロとしての確信に固執して、それぞれのワインがどの畑から出たか、その違いを解き明かしたかのように宣言する。もう造り手はこらえきれなくなっている。オシッコを我慢する小学生がぴょんぴょん跳ねまわるみたいに。どれほど間違いだらけだったかをにこやかに教えたくて、もう我慢ができない。

お気の毒、あなたはとことん間違えた。私はこんな軽業芸を年中やっているが、一度として当ててみせたことがない。

とうとうその瞬間が来た。造り手は、しめやかな葬儀で落胆を装う弔問客のように、なんともお気の毒ですがムッシュー、最初のワインはセルパンティエールではないです、と告げる。「そうではなく、それはジャロンの畑ですね。ほらジャロンは粘土質が強いから、濃厚でがっしりしたところがあるでしょう、云々」

造り手は包みこむように、堂々と、明晰に、違いを説明してくれる。それはいきなり質問を発しただけでは聞かせてもらえない言葉だ。あなたは狂ったように書き留めようとする。造り手が何世代もかけて蒸溜してきた叡智の言葉を、ひとことも漏らさず引き出そうと。

さあここが核心だ。すべてのワインが外れたわけを説明しながらも、造り手はあなたに同情してくれる。「こうした違いというのは、ワインが若いうち、ほんとうに判りづらいものなんです。よく熟成したワインをお目にかけましょう」

そういうと彼はセラーの暗がりに姿を消し、埃まみれの古酒の瓶を愛しげに両腕に抱えて戻ってくる。あなたにもわかるといいね、とばかりに。

あなたはちゃんとわかるだろうか。それはなさそうだ。でも、こうして外しまくれば、とびきりのワインがたくさん飲めるじゃないか、ただしそれがマットのやつの手口だとばれなければね。

（二〇〇五年）

二十五ワットのワイン

誰と会っても、何を飲んでも、いつも歴史的な流れのなかで考えようとしてきた（私の専攻は歴史だ）。たとえば農家を訪ねたら、いつ電気が通ったのかをかならず聞く。アメリカ各地で農村の電化がいかに遅かったかを知れば驚くだろう。そこでわかるのは、かつて人々が営んでいた生活の規模と、その変りようである。

ずいぶん昔、私がまだフードライターだった頃、ジョージア州ヴィダリアのタマネギ農家を訪ねたことがある。当時彼は四十代前半だった。私はこの農場にいつ電気が通ったか覚えてますか、ときいた。

「よく覚えてますよ、私が子供の頃でしたね。一九五〇年代だったでしょう。天井から食卓の上に電線がおりてきて、その端が裸電球でした。初めてあのスイッチをひねったときの明るさ、あれほどまぶしい灯りは後にも先にも初めてです。それが二十五ワットの電球でした」

ロゼを飲むたびに私はこの話を思い出す。偉大なロゼ――そういうものがある――は単に心地よいだけのワインではない。ワインの出力だけがすべてではないことを思い起こさせてくれるのだ。後知恵で造ったものではなく、「意図して造った」というべきロゼには、たとえ色がピンクでも、人を考え込ませる力があるからだ。

なるほどロゼは愉しい。だとしても、全開の赤ワインのように重層的な味わいのロゼというものはない。だが、薄いピンク色を生まれついての実体不足と見くびる偏見を脱するならば、それは感嘆したくなるような、類を見ないワインたり得る。

証拠を挙げようか。トッレ・デイ・ベアティのチェラスオーロがある。チェラスオーロとは「サクランボの赤」という意味で、イタリアのモンテプルチアーノ・ダブルッツォ地区ではロゼの同義語である。また、イタリア北部ガルダ湖畔でプロヴェンツァが造るキアレット（Chiaretto）もある。キアレットとはロゼの方言である。

むろんフランスでは南ローヌ流域に名高いタヴェルと、その近くにリラックがあり、グルナッシュ主体のロゼを生む。タヴェルはロゼの生産にのみ特化した、フランスいや世界でもおそらく唯一のアペラシオンとして異彩を放つ。

その他多くのロゼは、スペインのロザートを含め、たいていグルナッシュから造られるから、グルナッシュこそはロゼに最適かつ最高のブドウ品種なのかもしれない。いずれも魅力にあふれる、爽やかな、好きにならずにいられないワインである。

そればかりかワインの歴史をさかのぼれば、ロゼが単なるがぶ飲み用でないことがわかる。思い出してほしいが、ブルゴーニュの地において人々に偉大なブドウ畑の線引きをさせたワインは、今日の私たちなら躊躇なくロゼと呼ぶものであった。

私たちが承知するような赤ワインを造るには色素豊かな果皮と果汁とを長期間一緒にしておく必要がある（ブドウの果汁はほぼすべて無色である）。果皮はかさばるため、こうするには大きな桶や樽が要る。

しかし、フランスのタペストリで一四〇〇年代のワイン仕込み風景を眺めると、大きな発酵槽らしきものは見当たらない。それが登場したのはようやく一六〇〇年代になってからだ。しかもそのあとでさえ、フランス人がキュヴェゾン〔醸し〕と呼ぶ、果汁と果皮とを一緒に仕込む工程では、発酵槽がいつも用いられたわけではなかった。

一八〇七年といえば、正真正銘のブルゴーニュの赤が登場していた頃だが、フランスの農事大臣ジャン＝アントワーヌ・シャピタルは、いまだ伝統に縛られた発酵手法についてこう述べている。

「ブルゴーニュの軽いワインのキュヴェゾンには、六ないし十二時間ほどしかかけない。その最たるものはヴォルネである。ヴォルネはまことに上品、繊細で心地よいワインだが、十八時間を超えるキュヴェゾンには耐えられず、ワインは次の収穫まで持ちこたえられない」

それでも、その当時までには、今日私たちが崇めてやまぬヴォルネのどんな一級畑も、いやブルゴーニュの名のある一級、特級畑も、ほぼすべてがとうに特定され、品質で弁別されていたのである。このことから、増幅させた味わいはワインの実体でないことがわかる。先人たちはささやきをはっきりと聴きとることができたのだ。彼らとその感覚世界の微妙さは私たちの比ではない。かつて会ったタマネギ農家にたとえれば、軽くても、かすかなものではなかったのだ。

現代はちがう。私たちには主張の強いワインが必要だ。しかしロゼは今も健在なばかりか、優品の質はかつてなく高い。骨董の鑑定よろしくリシュブールのロゼを飲むような機会はもはやないとしても、嘆くことはない。

優れたロゼのよく響きわたる味わいは、現代人を目覚めさせ、くつろがせ、時間の流れをゆるやかにしてくれる。

（二〇〇六年）

飲んで、喋って

この時代特有の奇習に、大がかりなワイン会議なるものがある。瓶のしずくも惜しむような輩でもなければ、ワイン会議という発想そのものが、まあいささかばからしく思われよう。要するに「一斤のパン、たっぷりのワイン、まだ何か？」のあとで、まだ何か言いたいか、というわけだ。山ほどあるよ、と答えよう。ただし、エドワード・フィッツジェラルドの警句では、何もない、と続くのだが。会議はワインをめぐるあらゆる議論に花を咲かせてくれる。

先の二週間、立て続けにワイン会議に行った。ひとつはニュージーランドのセントラル・オタゴ地区、そしてつい先日は、オーストラリアのモーニントン・ペニンシュラで、ここはメルボルンから車で南へ一時間ほどの冷涼な地である。どちらの会議もピノ・ノワールを崇め奉る（としか言いようのない）ものであった。

会議は特定の職種の人々を惹きつける。いうまでもなく、ワインメーカー、小売業者、卸売業者、輸入業者、そしてかなりたくさんいたのが、熱い消費者たちである。こうした救いようのないワイン好きどもの、いったい何を惹きつけるのだろうか。ひとことでいえば、熱意である。そして、ピノ・ノワールほどそうした感情を駆り立てるものはない。

むろん他のブドウ品種をテーマにしたワイン会議がおこなわれることもある。シャルドネ、シラー、カベルネ・ソーヴィニョンばかりか、ヴィオニエだってときにはスポットライトを浴びる。しかし、これほどまでに執拗な注視をうけ、詮索をされるのはピノ・ノワールだけである。オレゴンでは毎年七月に国際ピノ・ノワール祭が催される。この手のピノ祭りの古株で、二十年に及ぶ開催歴を誇る。オレゴンの事例に触発されて、今ではニュージーランドもピノ・ノワール祭を開く。カリフォルニアにも「ピノ・ノワールの世界」祭がある。そしてオーストラリア、ここはピノ・ノワールで著名なのではないが、「モーニントン・ペニンシュラ　ピノ・ノワール祭」がある。

では、その高額チケット（場所にもよるが、ひとり六百ドルから千二百ドルが相場）のワイン祭りで、何がおこなわれるのか。試飲とおしゃべりである。それがすむと、また試飲とおしゃべりに花が咲く。

こうした催しが、主催者たるワイン生産地の宣伝広告の場になるのは当然のことである。モーニングトン・ペニンシュラでも、午前中いっぱいが地元産ピノ・ノワールの試飲に割かれ、つづいて参加者たちは大小の地元ワイナリーにちやほやされながら、昼食会場に向かう。私がこれまで参加したこの手のイベントは、どこも販売促進上の不動の公式にのっとっていた。

だがほんとうに面白いのは、オタク談議としか呼びようのないものである。映画『サイドウェイ』〔原題 Sideways　二〇〇四年、アメリカ〕のなかで、胸くそ悪いワインオタクがピノ・ノワールの些末な薀蓄を長々と並べるくだりがあったのをご存知だろうか。あれは重度のピノ愛好症患者の症状として比類のないものだった。

たとえばモーニントン・ペニンシュラの午後の部で、一五〇名もの参加者が恍惚とした（としか言いようのない）のが「クローンとテロワールの影響」と題する法廷さながらの調査研究である。

地元のワイナリー、ストニアー・ワインズ（Stonier Wines）は二つのピノ・ノワールの徹底比較を発表した。生産者とブドウのクローンは同一だが、テロワール（畑の区画）を異にした、つまり別々の土壌と日照によるものである。粘土など重い土壌のピノ・ノワールは、砂利や砂がちな土壌のものより色が濃く、重いワインを生みがちである。日照――ブドウ樹が朝日を受け始める時間の遅速によって、享受する日照時間が変わる——もブドウの成熟を大きく左右する（あるものは軽く、花のようだが、もう一方は濃密、濃厚で、色も濃い、というように）。

別の地元ワイナリーは、またちがう切り口を見せてくれた。ワインの造りもテロワールも同じ、ただクローン（分枝種）だけが異なる。ピノ・ノワールが話題となる場であれば、どこでもクローンの働きについて議論が起きるのが常である。

あらゆるブドウ品種には異なるクローンがあり、それぞれワインの果実味や色調を異にするが、何よりも固有の味わいの違いがはっきり感じられる。ピノ・ノワールは多くのブドウ品種より遺伝的に不安定で、突然変異が生まれやすい。こうした変異種を同定し、分離して、無性生殖させてできたものがクローンである（祖母がやっていたのもこれと同じで、友人宅のアフリカスミレの葉柄を失敬してきて、水の入ったコップで発根させていた）。

一九七〇年以来、フランスはブドウ品種の遺産の系統的な目録化をすすめ、非凡なクローンを粘りづよく同定する作業をしているが、それはさながらブドウの世界で選ばれし人を探し求めることである。

ブルゴーニュにおけるピノ・ノワールほど、この作業が広範詳細におこなわれた例はない。一九八〇年代になるとフランスの政府はこれらのピノ・ノワールのクローンを商品化し、世界中のブドウ栽培農家に向けて出荷するようになった。ただしクローンにつけられた名称は113番、114番、115番、667番、777番などというはなはだ無粋なものであったが。やがてこれらは研究チームの本部があった場所にちなんで、ディジョン・クローンと総称されるようになる。

今日ディジョン・クローンは誰にでも手に入れられるうえ、各国にすでに根付いたクローンも、すべてここに遺されている。

こうしたクローンで何か違うのだろうか。大違いなんてものじゃない。十五分もすれば、初心者にだって、ディジョン・クローン115番（赤スグリ、黒スグリの強烈な香りと味。暗く深い色）と、クローン5番との違いはすぐ見分けがつく。後者は通称「ポマールのクローン」といい、サクランボ、皮革、獣肉の匂いをもち、暗い色をしている。

ウィロー・クリーク（Willow Creek）では、クローン1番とＭＶ６というオーストラリアでできたクローンとの比較検討をしていた。ＭＶはMother Vine（母株）に由来し、アメリカにこれに相当するものはない。両者の違いは際立っており、115番が驚くような暗色と、強壮、濃厚だが澄んだベリー風味をもつのに対しＭＶ６はあらゆる点で軽く、だが花を思わせる愛らしい香りをもっている。醸造家は、二つのワインをブレンドしてワインを仕上げると言った。

カリフォルニアの造り手、メリー・エドワーズ（メリー・エドワーズ・ワインズ）は、最近『サンフランシスコ・クロニクル』紙で、年間最優秀生産者に選ばれたが、二種類のサンプルを担いできた。テロワールとワインの作りが違うが、クローンは同じ115番である。

そんなの序の口さと言わぬばかりに、トニー・リンダース（オレゴンのドメーヌ・セリーヌ）は、同一の777番クローンを、まったく異なる二つの土壌で作ってみせた。確かに両者の違いをはっきり見てとることができる。

まだ物足りないという方には、国別のピノ・ノワール、あるいは技法別ピノ・ノワールの比較試飲がおすすめだ。すなわち、浸漬期間の長短、発酵温度の高低、濾過の有無などなど。オーク樽の話はないのかって？　心配ご無用。これぞ深刻きわまりないオタク談議である。

早い話が飲酒の愉しみにほかならないというのに、どうして人はこうまでお金と精魂を傾けたいのか？　いい質問だ。答えはおそろしく簡単である。すぐれたワインの美は人を虜にするからだ。絵画でもそうだが、ゆっくり進みつつ、ひとしきり凝視すれば、それ以上精査しなくても、その余韻を愉しむことはできる。そのいっぽうで、もっと深くのめりこんで、筆致やら学問的追求やらに没頭する人もいる。そうした調査研究がおこなわれるのもすぐれたワインなればこそだが、ピノ・ノワールほどそんなことがふさわしいワインはないのである。

笑ってはいけない。いつかあなたもこうした熱中派の評議会に座を占めているであろう。そして気がついたら、誰かが115番クローンは真のピノ・ノワールと呼ぶには力強すぎるね、などと主張するのに相槌を打ったりしているであろう。そのときようやく気づくのである、なんと遠くまで来てしまったことか、と。でもなんと愉しいことか、と。

（二〇〇五年）

ねえ、パラダイム、あるでしょう

この五十年間でもっとも影響力のあった書物のひとつが、トーマス・S・クーン『科学革命の構造』（一九六二年）である。クーンは、科学の「進歩」は一歩一歩が累積してゆく過程によってではなく、むしろ事物に対して革新的な新しい見方をもつことで達成されたのだという論を提起し、これをパラダイムと名づけた。パラダイムとかパラダイム転換とかいう用語はクーンの本によって広く知れわたった。

ブラインド試飲会のさなか、誰かが周りに向かって「このワイン、旧世界かな、新世界かな？」と言ったとき、人もあろうにクーンのことが思い浮かんだ。これを聞いて私は、こういう視野がどれほど時代遅れになったかと思わずにいられなかった。今日のワインを味わい語るうえで、もはやそれは適切でなく、怠慢でさえある。

あなたはまだワインを旧世界／新世界という図式で定義しているだろうか。ある時、たぶん二十五年前であれば、もっともらしい視点として議論の焦点や洞察をもたらしもしたろう。だが今となっては行き詰まった。それは誤謬である。

慣習的に、旧世界のワインには繊細で洗練された果実味をあらわす鋭敏な感性が反映されており、立地の独自性を反映することもあると考えられ、いっぽう新世界のワインは力強く活力みなぎる果実味があり、複数の立地のブドウをブレンドするのを志向すると考えられてきた。

だが実際は——これこそ事実なのだが——今日、旧世界／新世界という視座でワインを描き出すことには著しい無理が来ている。たとえばスペインの赤で旧世界のパラダイムを論じても、何かわかるものだろうか。フランス南西部のワインしかり。ついでにいえば多くの赤白ボルドーもそうだ。イタリアだけみても、シラーやメルロはどうだというのだ？　いわゆるスーパータスカンは？　他にもたくさんあるが、こうしたワインはみな、新世界／旧世界という図式を考えながら味わっても、個を確立させることができない。

また、このやりかたでワインを識別したがるとき、意識しようがしまいが、政治的な意図がある。競争を脅威に感じるヨーロッパ勢が保護主義者となって旧世界の規制を発動したがるのは、要は自分たち以外のものを貶めようとしているのだ。皮肉なことだが新世界のワインでも、とりわけオーストラリアやニュージーランドなどでは、これとそっくり同じような努力をして、いわゆる新世界ワインを強力に後押しした。

「しかし、旧世界の真に偉大なワインと新世界の気鋭のワインとでは別物だろうに」そんな声が聞こえる。ところが、じつはそうでもない。

たとえばカリフォルニアの優れたシラーとローヌとのそれとでは、よほど炯眼で経験豊富な試飲者でももはや見分けがつかないが、こうした事実を受けいれずに、あとどれほどブラインドテイスティングを重ねたらいいのだろう。ナパ・ヴァレーのカベルネと赤のボルドーとでは、どちらの極上ワインも品質は同等なばかりか、しばしば作風においても見分けがつかないが、誰もがこのことを了解するまで、あと幾たび勝負をさらさねばならないのだろう。

では、もし旧世界／新世界というのが、埃をかぶった、使いものにならぬ図式だとしたら、代わりに何をもってきたらよいか。考えられるのは「立地別」ワインである。呼びたければテロワールといってもよいが、じつはこれでは物足りない。それは自己表現の栄誉よりも立地の神聖さに畏敬の念を抱くという、いわば謙虚さの表れである。

「立地尊重」とは、地域性そのものではなく、精神のありようである。ここが大切だ。偉大なブドウ畑の立地はもはやヨーロッパの独擅場ではないことを私たちは知っている。つまり今日において重要な意味のある違いとは、どこから生まれたかでなく、どうやって生まれたかということなのだ。

ついでにいうと、ビオディナミ農法のような思想的パラダイムが広まりつつあるのも事情は同じである。この極端な有機農法とワイン造りによって科学的に立証可能な違いが生じたのか、評決はまだ出ない。しかし、精神のありようは変わった――少なくとも生産者において。ビオディナミによって、彼らは異なるレンズを通して自らの「ワイン人生」を眺められるようになった。そして、その影響がワインに及んだのである。

最近、アメリカのピノ・ノワールを試飲して、これほど立地特性を強調してみせたものはないのではと思わせるワインがあった。まだ発売されていない二〇〇六年のリース・ヴィンヤーズ（Rhys Vineyards）「スワン・テラス・ピノ・ノワール」は、さながら修道士のように立地特性を神聖視したワインである。そのワインには造ったという手跡をほとんど認めることができない。しいて細かいことを言えば、サンタクルーズ・マウンテンの標高の高いブドウ畑で収穫をしたことぐらいである（もうひとつ言えばビオディナミによって栽培されている）。

もしもこのピノ・ノワールを飲んで、旧世界／新世界のパラダイムに照らすなら、人はこれを旧世界のワインだと断ぜざるを得ないことだろう。そして、ワインの出自を問うだけであれば、どれほど人は間違えねばならないだろう。

旧世界／新世界の視座からワインを眺めるのは、今日のワインの国境なき状況に目を閉ざすのに等しい。トーマス・クーンはいみじくもこう言った。「受容できるようにしてくれる正しいメタファーがないかぎり、人はものごとを認知することはできない」

（二〇〇八年）

もう判定させないでくれ

ワインとつきあうのに三通りある。試飲すること。判定すること。食事で飲むこと。人があるワインについて下す結論は、試飲、判定、飲みのいずれかによって異なる。賭けてもいいが皆さんの結論は違っていることだろう、しかもずいぶんと。

これから例のばかげた季節がはじまり、ワイン品評会、州をあげての鑑評祭とか、その同類のような催しがあるから言っておきたいのだが、世は挙げて「判定」ずくめである。私とて、ときには審判役を引き受けたこともあるが、それは遠くの開催地が私の好きな場所であるときだけだ。たとえば前にもやったことがあるが、ヴェネツィアならいつでも行く。『ダラス・モーニング・ニューズ』紙の毎年のワイン判定会も、招かれれば行くのは、テキサスがけっこう好きで、とりわけダラスが気に入っているからだ。

ダラスでの経験は、私の空想を駆りたてたのかもしれないが、どこで判定をやろうがいつも牛の囲い込みを連想してしまう。判者たちは群れ集い、それから小さく切り分けて扱いやすく組み分けされる。各組は飼い葉桶よろしく試飲席に追い込まれてゆくが、そこが餌たるワインの品質をめぐる喧噪に満ちているのは当然か。

こうした状況になると、人はもはや飲むことはおろか——ワインの数をみれば体力的に不可能だが——試飲することすらしなくなる。おっと、あのときはそうしていたと思っていたんだ。人びとは牛が咀嚼したり反芻するのと同じことをワインでやる。くんくん嗅いでグラスを回し、口に含んで吐き出し、ノートをつける。最後にしばし瞑想し、牛の遠鳴きよろしく一声、モー結構、と力強い意見を吐くのである。

だがほんとうをいえば、みな判定を下せるほど味わっているわけではない。面前を過ぎゆくワインはどれも、カテゴリー内の全ワインと競い合わされている。始まりはバレエのように審美的だったのが、いつしか競技になっている。私たちは何でも比較でき、数量化できるという考えに慣れ親しみすぎた。例のオリンピックのフィギュアスケート審判団は、優雅さそのものを十点法で査定してしまうではないか。ワインで同じことをやるくらい、よほど道理に合うと思えてくる。

ある程度までならそれも納得できよう。結局のところ、あるワインは他のものより優れている。そこを明らかにするすべとして、同一条件下に勢揃いさせて、どのワインが勝ち残るかを見届けようとする。問題は、ほぼ例外なしに、特異なワインが敗れ去ることである。不可避的に。そうしたワインは酸っぱすぎたり、味が濃すぎたり、他と違いすぎていたり、要は極端なところが目につく。

以前、集められたシャルドネをかたはしから試飲していたときのこと、極端なほどなじみのない味わいのものに出くわした。実をいうと、それは古いブルゴーニュを想起させたのだが、言い換えれば風変わりなシャルドネということだ。だが、そんなものがこの試飲場にまぎれ込むはずがないと皆わかっていた。そして、そのワインは低い点がつき、忘れ去られた。

しかし、もしも私たちが別の思い込みをしていたらどうだったろう。誰もがアメリカのシャルドネばかりと思っている品評会に、本物のフランスのシャブリ――おそらくこの世でもっとも特異なシャルドネである――がまぎれ込ませてあるとしたら。思うにそうしたワインと造り手は、魅力の致命的な欠如により、たちまち廃れてしまうであろう。

これは学問的な読み物ではないし、とりたてて新世界の生産者向けでもない。審判受けの悪い、つまりあまりに近づきがたい、あまりに風変わりなワインの造り手は、死の踊りを踊るまでだ。シャブリの造り手なら、数世紀に及ぶ名声と伝統を背に、そんな性急な忘却に曝されるようなことはない。だが、まさしくそうしたワインを、カリフォルニア、オーストラリア、チリ、ニュージーランドなどで造るとしたら、ひたすら生き残りをかけて悪戦苦闘せねばなるまい。

ルネッサンス・ヴィンヤードという、シエラネヴァダ山脈の山麓二千フィートの花崗岩風化土壌に育つ自根のカベルネの評判はどれほどのものであろう。ソーダキャニオン・ヴィンヤーズのシャルドネ、あるいはマヤカマス・ヴィンヤーズのマロラクティック発酵をさせないシャルドネは、宣伝広告どっぷりのナパ・ヴァレーで、どれほど評判になっているだろうか。あるいは喝采もあがっているかもしれない。こうしたワインは審判受けするには堅すぎて、とりわけ即席歓楽的シャルドネやカベルネが居並ぶ前では分が悪い。

要するに、判定なんて試飲でも味わうことでもない、と言いたいのだ。それは評点とやらを飲むことだ。それをやめたときこそ、あるワインがいかに確信に満ちているかがわかる。力でねじ伏せるのとは正反対に。私は、ワインの品評会では真に優れたワインが頭角をあらわさない、などというのではない。そんなことはない。だが、写真が一度に一枚しか撮れないように、ワインも一度にひと口飲むものだ。

（一九九五年）

審判の日

どうにも消え去ってくれなさそうな問題である。一度に五十本、百本のワインを試飲して、それで現実に仕事をちゃんとできるのだろうか。

ワイナリーのオーナーや醸造家で、そんなことできるもんか、と言う人を数えだしたらきりがない（でも、高い評点のつく生産者はめったにそうは言わない）。こうした批判が指摘するのは、味覚はすぐに疲労あるいは慣れてしまうという否定できない事実だ。何を例証の対象とするかで若干変わるけれど、おおむね一ダース程度だという。

私は日々の仕事として、一度に百本規模の試飲を定期的に渡り歩くようなテイスターではない。少なからず経験したことはある。だが私には昔から波長が合わない。だからこれを話題にしても、自分を守ろうという気持ちがまったく湧いてこない。

率直にいわせてもらうが、日に百本試飲することはできる。しかもちゃんとできる。それはそうなのだが、ワインにもよる。モーゼルのリースリングを百本やるのは（酸のせいで）歯茎にしんどいが、それでもバローロを百本やるよりは助かる。そんなたくさんのバローロを一度に試飲したことがあるが、その苛酷さは証言できる。

しかし、ややもすれば揮発してしまいがちなこの手の企画では、判定における批評的観点というものがいつも欠落する。否定論者は見落としがちだが、こうした研究の場は、テイスターの鋭敏さが一貫して安定しているかを試す意図で設けられているのであって、評者の評価能力が試されているのではない。

味覚の疲労とは、もっともらしい論である。確かにそれもあろう。それに、よい鑑評者は誰でも知っていることだ。ときおり席を外してひと休みするのは、長いドライブなどでもみんなやるだろう。限界を押し戻そうとするあまり充電しすぎてしまうこともあるが。

そもそもワインを判断する方法はひと通りではない。もっとも単純なのは闘技場方式、つまり勝ち負け判定で、嘘ではなく五十本や百本のワインもこのやり方で手早く切り抜けることができる。

しかし、仕事柄ワインごとの詳細な試飲メモを書きとめる必要があると、月並みなワイン相手でもかなり時間を食う。皮肉なことだが、こうした試飲記録は、まず鋭敏な味覚が前提にあるという勘違いを生む元凶である。

今日の試飲記録で目だつのは「これを嗅ぎつけた」というアプローチだ。リンゴを嗅ぎとった、焦がしたオークを嗅ぎとった、ココナッツを嗅ぎとった、云々。かくて読者はこうした要素を列挙する能力がワインの試飲でもっとも重要なことだと考えがちになる。そうではないのだ。

ジャーナリストが風味の形容語だらけの試飲記録を書くのは、ワインが何に似た味わいなのかを伝える必要があるからだ。しかしそれは、試飲者がそのワインについて下した「結論」となる（余談だが、評点が大手を振るのはこのためだ。試飲者の結論を手っとり早く直感的な把握で要約したのが評点だからだ)。

一貫性のある試飲とは、風味の要素をあやまたず特定する能力ではない。猟犬が棒きれをとってくるみたいに毎回きっちり同じ結果を出すことではない。ほんとうの一貫性とは、人がワインの何に重きをおくかというところにある。それは鋭敏な味覚でワインから答えを受けとるのではなく、むしろワインに対して何を問いかけるかということだ。

すぐれた試飲者は問うべきことを知り、しかも容易にぶれない。これが単なる有能と深い造詣との違いだ。有能な試飲者は、これはいいカベルネだ、これはいいシャルドネだ、といった基本は判っている。

いっぽう、ワインを知りぬいて、さまざまなうるさい問いかけができるほどでないと、奥底まで見とおす試飲はできない。そんな人であれば、スタッグスリープ地区のカベルネには、濃密で厚みのあるベルベットのような感触と、ダークチョコレートや黒スグリのような風味があるかと問う。ハウエル・マウンテンのカベルネであれば問いは異なる。タンニンは堅く、土の匂いがし、さらりと飲める水のような舌触りだろうか。

こうした飲みかたは深く学ばないとできない。いいかげんな飲みかただと、どのワインにも同じ質問をするばかりで、たとえばバローロに対して、なぜかよほどボルドー向きの質問を発して応答を待っていたりする。

これにはまた、深く親しんでいるかという要素もある。洞察に富む飲みかたは技術能力を超えるが、対象とするワインのブドウ品種や生産地域を特定することも大切だ。ルネサンス美術に通じた人が、たとえば抽象表現主義の作品を調べあげて本質を見抜くとは、まず考えられない。これと同じ理由で、カベルネに造詣の深いテイスターもピノ・ノワールではへぼな審判かもしれない。誰かの試飲記録を読むとき、その人が口にしたのが一本だけか一〇〇本だったかを問題にすることはできない。ほんとうの問題は、人が正しく質問しているかと私たちが問いかけるところにある。そうした質問をぶれずに発しているかと問いかけるところにある。

大切なのは感性を高く保つことだ。大切なのはあなたが食べるものであって、料理包丁の切れ味ではないからだ。

（二〇〇五年）

ほんとうの真ん中

このつぎ嵐で倒れた木のそばを通りがかったら、折れた幹のあたりの内側をのぞいてみるといい。芯が中空になっていて、内側から腐っていたのがわかるだろう。そこであなたのワインものぞいてみよう。同じ事態を目にするだろう。ワインも樹木と変わらず、内側から外側に向かって死んでゆく——ときとして、思いのほか早く。

ワインとて事情は単純ではない。やはり樹木と変わらず、さまざまな理由で死ぬ。その筆頭は温度である。ワインの貯蔵温度が一年を通じて十八度をかなり超えていると、ワインが別れを告げる前に、あなたから別れのキスをするようなものだ。

だが、これにも幅はある。ピノ・ノワールはカベルネ・ソーヴィニヨンよりもずっと早くさよならを告げる。ただ、私はなにも、船の舳先の揺れでポートワインがだめになる、とまでの話をしたいのではない。辛口の白であれば、見た目どおりたいへん繊細だが、バランスのいい甘口の白は感心するほど丈夫である。

ともあれ、過去をふりかえって保管上の罪悪を顧みるとしよう。荷揚げされたばかりの瓶の中を見るがいい。今日のひこばえが、明日にはうろで空っぽの樹木にならないと誰が言い切れよう。確証はないけれど、直近のヴィンテージを買うとき私が気をつけることをお話ししよう。ご自分のワインを数本飲んでみて、私のアドバイスを実感で確かめてみてほしい。

しかしまず、哲学者の言うように、前提がいくつかある。第一に、今日、たいがいのワインは技術的にたいへんよくできている。第二に、今日、超高級ワインは収量過多のブドウ樹から造られる。第三かつ最重要なのは、近道はないということだ。

あざとくも頭脳的な「長期冷温浸漬」「マイクロ・オキシジネーション〔タンク内のワインに微量の酸素を送り込み、風味の向上をめざす技法〕」「新樽二〇〇パーセント」といった技法は、いさぎよく腹を固めた低収量や、誠実で思慮深いワイン造りにとって代わることはできない。

そこで何に注目するか。荷揚げされてまもないワインを試飲するとき、私が何よりも重視するのは味の中心（middle taste）である。じつは味の中心と言っても、中心の感触はさらに重要で、ワインはここから最初に中空になるものだ。そして、誠実なワインと地に足のつかぬワインとを峻別するのは、常にここなのだ。

この時代、最初のひとすすりで有望そうに見えるワインを造りあげるのは、けっこう易しい。色は濃く、輝きがあって、新鮮味があるのは注文どおりだ。(ほとんど決まって)オークがふんだんに香り、手招きするかのようにヴァニラの匂いが漂ってくる。ここを間違えてはいけないのだが、ヴァニラは人間にとってのマタタビで、私たちは手もなく惹きよせられる。試飲のときでも、真っ先に好印象をもたらすことが多い。そうしたワインはタンニンも摑みかかってはこず、円みを帯びたしなやかなもので、ひげを剃りたての顔を撫でるようだ。

そこまではまあよい。中身の予想さえつく。今書いたようなことが当てはまるワインは、赤白問わず、世にあふれている。バローロ、バルバレスコ、ボルドー、世界中のカベルネ、キアンティ、赤白ブルゴーニュなど。

しかし、味の中核とその感触がわかったら、真の声が聞こえはじめる。長期冷温浸漬(ピノ・ノワール)、マイクロ・オキシジネーション(カベルネ)、オークの新樽をこぞって寄せ集めても、本物を造りあげることはできない。こうした手法でそれらしい格好に見えるものは造れるけれど。

ワインの中核、つまり中心の味と感触に意識を集中すると、本質の浅さを隠しきれるワインはない。そこに求めるべきは濃密さである。これは実感できる。ほとんど全身的経験と言っていい。これは何をおいても低収量のたまものだ。

世の偉大な赤ワインを飲んで、ほんとうの濃密さと、作りものでない真正の感触を味わい、造り手にそのわけをたずねるとき、いつも簡潔すぎる答えに言葉を失う。彼らはなんとも特別なことをしていないのだ――ただし畑仕事では収量の少ない古樹の世話をやき、好天を祈る。醸造所ではあきれるほど真っ当至極な仕込みがおこなわれる。

アルド・コンテルノにバローロの、ドミニク・ラフォンにヴォルネ・サントノ＝デュ＝ミリューの、ランディ・ダンにハウエルマウンテン・カベルネの造り方を訊ねてみればいい。

白ワインもお化粧同然の仕立てで身を落とすが、やはりジェフリー・パターソンにマウントエデン・シャルドネ・エステートの、ベルナール・トリンバックにクロ・サン・テューヌの、フランソワ・ジョバールにあのみごとなムルソーの造り方を訊いてみるがいい。

まだ大勢いるが、こうした生産者たちは同じことを語るだろう。「古樹。低収量。清潔第一の、細心で謙虚なワイン造り」と。そこには何のしかけも近道もない。彼らとそのワインこそ、王道を行くものだ。

（一九九六年）

ワインのバイアグラ

「先生、ちょっと困ってるんです」。私は白状した。「私、ワインライターでして。プロなんですがね。いいワインに出会うたびに興奮できるってことになっているんです。でも、ここんところピクリともしなくて。悩んでいるのは私だけじゃないはずですけどねえ。きっとほかにもいるでしょ？」

「もちろんいますよ」。当然といった返事。「私自身、時おり同じ思いをしますよ。誰でもそうなるもんです」

「ええ、妻もそう言いますよ」。苦々しく私は言う。「新しいリーデルのグラスでも買えば、なんていうんです。『いつもそれで元気になってたじゃない』って。でもだめだったんです。それにあのでかいやつも買ったし。ほんとうにもう打つ手がないんですよ、先生」

「では」と晴れやかな声。「ワインのバイアグラが要りますな」

これは初耳だった。「そんなものあるんですか？」。私は希望の光に興奮して（ついに！）訊ねた。

「お考えになるようなものじゃありません。まあそう落ち込まないで」「薬なんてしょせん薬です。ワインは薬の役割もしますからね。ブリヤ＝サヴァランはデザートにブドウをすすめられてこう言いましたよ、ワインを丸薬にして飲む趣味はないって」

やったぜ、と私は心密かに思った。世に医者はたくさんいるけれど、フランス専攻はちょっといない。

「あなたにほんとうに必要なのは、ワインの風景を変えることなんです」。医者は続ける。「私の経験だと、たいていこれが――何と言いましょうか――倦怠《アンニュイ》の原因なんです。あなたはブルゴーニュ派でしたね、私の覚え違いでなければ」

その通りだと答えた。ブルゴーニュはいつだって効いた。グランクリュやプルミエクリュはおろか、控えめで地味な村名ワインだって、いつもよく効いた。だが、もはやそうではない。

「わからないんです、先生。ブルゴーニュをずいぶん試してみたんですよ、ほんとう。こないだも私をメロメロにしてきたシャンボール＝ミュジニを開けてみたんですが、もうさっぱりです」

「そうそう、テロワールとか言いましたな」。医者はため息をついた。「でも、このテロワールってやつにとりつかれると、いささか居心地が良すぎるでしょう。プルーストは何と言いました？『新たな発見をするほんとうの方法とは、新しい風景を求めてゆくことではなく、新たな眼をもつことだ』とね」

「フランス文学はもう結構です」。つい声が大きくなる。「私の悩みはどうなるんです？　言っときますがプルーストじゃ無理ですよ」

「ごもっとも」。すまなそうに言う。「いいですか、ではまず、白ワインからいきましょう。でもブルゴーニュはだめですよ」と厳しい声。「以前、ミュスカデが好きだとか言ってませんでしたか？そこから始めなさい。もう二〇〇三年物が手に入るでしょう。とてつもないヴィンテージですよ、暑くてものすごく濃い強烈なミュスカデができた。いかにもミュスカデじゃあワインのバイアグラってイメージはないかもしれませんな。でもね、仲間の鍼灸術師がよく言うんですが、まず身体の熱を冷まさなくてはなりません」

「二〇〇三年のミュスカデを何本か飲んだら、――そう、ドメーヌ・ド・ラ・ペピエール、ドメーヌ・ド・レキュ、シャトー・ド・シャスロワ、ドメーヌ・レ・ゾート・ノエルなどをね――もうすこし内実のある白、ソーヴィニョン・ブランとかに移ってください。最近、世界中から素敵なソーヴィニョン・ブランが出てくるでしょう。どれも楽しく味わえますよ。ロワール、ボルドー、南アフリカ、カリフォルニア、北イタリア、ワシントン、ニュージーランド。この手の刺激が必要なんです」

「でも、いつになったら赤に戻れるんですか？　男なら赤を飲むものでしょう」と私はせがんだ。

「ふん」。鼻先であしらわれる。「あなたの悩みの元は赤ワインだったんですよ。少し頭を柔らかくしなくちゃ。考え直しましょう。赤ワインが答えだと考える男が多すぎます。女はよく知ってますがね。奥さんに聞いてみれば教えてくれますよ」

「ああっ、うちのやつロゼが好きだな」

「そのとおり！」医者は声を張りあげた。「まさしくそう考えていたんです。グルナッシュで出来ていればなんだっていいです。ロゼには最高のブドウですよ、すごくフルーティでね。ついこのあいだの晩に飲んだロゼもすばらしかった。キアレット（Chiaretto）というブドウで、北イタリアのガルダ湖あたりで、プロヴェンツァ（Provenza）という造り手でした。イチゴの香りがするような、それは素敵なものです。ブドウはグロッペッロ（Groppello）、マルツェミーノ（Marzemino）、サンジョヴェーゼ、バルベーラ。いかがです、こうして目先を変えてみては」

「すごく良さそうです、先生。でもこれでまたワインに興奮できるようになるんですかね」

「保証しますよ」。自信に満ちた返事。「あなたの悩みは気持ちから来てるんですよね。例の大物、この日のための秘蔵ワインってやつを、しばらく心から遠ざけることです。ほんとうにバイアグラみたいなワインなんてありません。大切なのはさりげない美しさ、日々の喜びなんです」

「アイリス・マードックの名言があります。『幸せな人生を送る秘訣は、たえまなくささやかな宴をはることだ』とね。しかも彼女、フランス人でもありませんよ」

（二〇〇四年）

致命的な半インチ

「やあ先生、また来ました」。私は憔悴しきった声で言った。

「お久しぶり」。なんだかそっけない。「ええっと、カルテでは四年ほど前にいらしてるんですね。興奮できないのでお困り、と。で、いかがですか」

「ええ、快調です、とても」「先生の処方箋――何とおっしゃいましたっけ――『ワインの風景を変える』のが鍵でした。ご忠告に従ってミュスカデとかソーヴィニョン・ブランとかを追っかけ回しましてね。ロゼの香りをかいだのも正解でした。すごく元気が出ましたよ」

「それはすばらしい」。よそよそしく揉み手をしながらいった。「で、今度はどうなさいました？」

「ちょっとうまく言えそうにないんですがね、こっちにはまってしまいそうでこわいんですよ」

「あなた何言ってるんです。だいいちあなた、とっくにはまっているじゃないですか。でなければその同類というか。うちに来るようになった頃からですよ。あなたにはもう性向があったんです、頭に毛があったころからね。どれほど前からのことだったかご存知でしょうに」

「いや、自分ではちっともそうは思ってませんでしたよ」。私は用心深くいった。

「そりゃ私だって部外者にどう見られるかはわかってます。でも私だって言いたいんですが、あのスペインのとんでもない白、バスク地方のチャコリーナ（Txhakolina）っていいましたか、あんなのを飲んでるって言っても、まだ私のことを変だって診断しなかったじゃないですか」

「それはそうですが」。言い訳がましく答えた。「でもなぜ、今になっていきなり、ワイン狂いになりそうだなんて思い始めたんですか」

「実はワインだけでこうなったんじゃないんですよ」と、わけを話した。「『ステレオ愛好家』って雑誌を読んでましたらね、……」

「はい、そこまで」と医者が言った。「オーディオをいじくりまわすんだったら、何をすれば元気になるかご存知でしょうに。私はレコード針の埃なんてどうでもいいです」

「そんなに悪いもんじゃありませんよ」。弱々しく私は言う。「とにかく、誰かの記事を読んでいたら……そうそう、破ってきたんだ。ご覧ください、ほら書いてあるでしょ、『スピーカーの適切な位置の重要性を説く記事は多く、それこそ枚挙にいとまがない。それはわずか半インチの違いで決まる』。私は膝を叩きましたよ！」

「感心しませんな」。医者は言った。「ちっとも感心しません」

「まあまあ、まだあります」。急いで続けた。「それから私、なじみの料理雑誌の最新号を読んでいたんです。これです」。私は小さく折りたたんだ紙切れを財布から取り出した。「これ読んでみてください」。そう言って美味しいコーヒーの淹れかたを書いたページを手渡した。「コーヒー？　コーヒーに何を大騒ぎすることがあるんです？」。医者が訊く。「いい豆を買ってきて、それなりのエスプレッソ・マシーンでもあれば十分でしょうに」

それから彼は読み始めた。「驚いた」と大声。「この記事だと、湯温は九十二度から九十三度のあいだでなければいけないと。ここから外れてはいけないと。この男、ステルス爆撃機でも造る気ですか？　ふざけているんでしょう」

「そんなことありません。私自身、ワインの温度について、ちょうど同じことを考え続けてきましたから」

「しかも最近、いろんなクリュ・ボジョレに合わせるグラスでびっくりすることがありましてね。モルゴンはフルーリーとはまったく別ものなんですね。あと、ヴィテッロ・トンナート、つまり仔牛のツナソースという昔からある組み合わせですが、これによく合うワインなんて考えたことありますか？　たぶんアルネイスですよ。どう思います？」

「いいときに来院されたと思います」。医者の口調は厳しかった。「もうおよしなさい。今すぐ。私の言うことを聴いてますか？　職業的見地から申し上げるが、これは造詣の深さでも何でもない。深く味わっているのでもない。つまらぬことを興がっているだけです」

「さあこれが処方箋です。人生を楽しみなさい。ワインも、コーヒーも、ステレオも、楽しむことです。ここが半インチずれたからといって、一度違ったからといって、聴く音楽や飲むコーヒーがそれだけまずくなるわけではないでしょう。すべてあなたをそんな気に……そう、そんな気にさせられているだけなんです」

「はいもう結構ですよ。家でいいワインを開けてください。好きなグラスに注いで――聴いてますか？――サラミでも切って、ステレオで音楽を聴くんです、ビル・エヴァンスとかをね。靴を脱いで、ありのままの世界を楽しんでください」

「こんなことを申し上げるのも」。彼は私の目をまっすぐ見つめて言った。「あなたの髪がなくなったのは一大事でした。しかし、いつかあなたは、比べものにならない、とてつもなく大切なものを失からです」

う。そのときになって、あのときスピーカーを半インチ右にずらしていれば、なんて言うはずがない

（二〇〇八年）

古き酒荷をかつぐ

ワインにまつわる言い伝えって、ベッドの下の綿くず同然、ありとあらゆる古くさい時代遅れの考えが蓄積されていないだろうか。たとえばチーズは赤ワインに最高、という古い処方箋がある。誰でも聞いたことがある。確かにパルミジャーノ・レッジャーノのようなチーズは赤ワインにほんとうによく合う。

だが、赤ワインにチーズという古諺は頑として変わらない。パリの名高いチーズ商ピエール・アンドルーエは、著書『チーズの手引き』（一九七三年）で断言している。「チーズは赤ワインで食べる。ただそのままで」。彼は何世代にもわたるフランスの美食家たちの言葉を繰り返したのである。

だが、これほど時代遅れなものはない。経験が教えてくれたところでは、白ワインは、その風味の透明感と、ミネラル的要素、切れのよい酸味によって、たいがいの赤よりもいろいろなチーズと相性がいい。

ではどうしてこの古い処方箋が始まったのだろう。最近になるまでヨーロッパの人々のほとんどは、白ワインをないがしろにしていた。私はイタリアのワイン生産者が白のことを「赤ワインの染み

抜きをするほか役に立たないよ」とくさしたのを思い出す。ワインは赤。それほど単純であった。

じつは、いま白ワインで名高い地域も、かつては赤ワインのブドウしか育てていなかった。サンセールにしても、第一次大戦前に注文すれば赤だった。ピノ・ノワールである。今日サンセールといえば当然白で、ソーヴィニョン・ブランだ。赤のサンセールはもはや稀少である。

同時に白はかつて、赤ほど酒質が安定しなかった。赤ワインの用心棒であるタンニンがなく、拙劣な醸造や貯蔵をはねかえす力がなかった。白は酸化しやすく、輸送にも弱かった。

過去と縁を切るのはここだ。昔のチーズ好きが飲んでいた赤は今飲まれている赤ではない。現代の赤はずっと濃厚で力強いだけでなく、かつて皿盛りのチーズに愛好家が合わせていたものよりも、ずっと若いうちに飲まれている。

赤ワインにチーズという教義が普遍的だった当時にさかのぼれば、少なくとも二十年寝かせてもいないワインを飲むことなど、愛好家には思いもよらなかった。ボルドーの赤の多くは、収穫後十年経たないと市場に出まわらず、よい酒商はさらに十年寝かせたものだった。

こうして熟成させた赤は果実味がより繊細になり、したがってチーズにも恭順であった。だから「赤ワインにチーズ」と人が言うとき、彼らは今日私たちが口にするのとは全く別のワインを思い浮かべていたのである。

昔の味覚とのこうした乖離は、たとえばカキに合わせるワインでも見られる。百年前フランスでは、カキのワインはソーテルヌだった。今日ではいうまでもなく、軽く爽快な、特にドライな白が、たとえばミュスカデとかアルザスのリースリングなどが飲まれる。

私はアメリカで、カキにソーテルヌを合わせてみたが、少なくとも自分の味覚には合わなかった。どうしてかというと、それはカキが別物だからだ。アメリカのカキは、フランスの名高いブロン〔ヨーロッパヒラガキともいう円盤形のカキ〕の、金属質の味わいとは似ても似つかない。カキとワインとがかもし出す味わいが違うのだ。

何よりも、現代の味覚というものがある。ヴィクトリア朝、エドワード朝の当時は万事につけ濃厚であることが求められた。思うに彼らは、豪勢なソーテルヌに、名高いカキの（人によっては毛嫌いする）ぷっくりとした食感を合わせるのを、ことのほか好んだのではあるまいか。

ここで私たちは、あるものを失っていることがわかる。それは厚みのある舌触りに対する嗜好である。前時代の食卓を彩ったソースを考えればわかる。オランデーズ、ベアルネーズ、そして今も健在のソース・ムスリーヌは、オランデーズに軽く泡立てたクリームを合わせたもの。ここにこそ舌触りというものがある。これでボディの薄っぺらいワインを飲むなんて想像がつくだろうか。

あの時代、多くの白ワイン（と一部の赤）が、今日の尺度でみればかなり甘かったのは、こういうわけなのだ。事実、こうしたワインには、甘いというより「濃厚《リッチ》」という表現のほうがふさわしい。しかも、その多くは十年も二十年も寝かせて甘みが練れていた。今、私たちが辛口と思い慣わしている、ヴーヴレ、サヴニエール、シャンパーニュ、あるいは変わりだねのブルゴーニュやローヌの白は、やや甘口だったり、ひどく甘かったりした（最近飲んだ一八八九年のモンラシェはどこからみても甘口というほかなく、これは発酵停止の結果だと私は確信した）。

昔のワイン愛好家は、今の私たちが知らないことを知っていたのだろうか。まちがいない。だが私たちも別のことを、今の時代の食事にとてもよく合うものを、知っている。彼らがその昔知っていたように。

（二〇〇二年）

ドレスの裾が短いと

今日おこなわれる大規模な試飲会において、並みの買付人には判らない、知るよしもないことがらがある。それは大々的な試飲会につきものの構造的限界であり、しかも試飲者の能力とはまったく関係がない。誰にせよ、いかに明敏かつ自覚的な試飲者であっても、その落とし穴にはまる。私はこれを「ローカット・ドレス・シンドローム」と呼んでいる。まあ続けさせてほしい。

男が気どったパーティの場に入っていく。素敵な夜会服姿の女性がおおぜいいる。さて全女性は男が視覚刺激に無抵抗であるのを知っている。種の本能である。男の性《さが》は視覚によって強く、抗いようなく喚起される。

というわけで、われらが（異性愛の）男性代表は室内を見まわして、すべての女性を眺めやる。どれほど教養が深かろうと、趣味がよくて洗練されていようと、どれほど自らの感性に矜持をもつ人であろうと、はからずも彼がまっ先に目を惹かれるのは、一番裾の短いドレスを格好よく着こなした女性であることに変わりはない。

もしかしたら、その夜が更ける頃なら、（男性）批評家が、細部まで仕立てがよく、ハイネックで隙のないアルマーニこそ最高にすばらしいと総括するかもしれないが、その眼にしても、初見で室内を見渡したときは、彼女に釘付けになりはしないだろう。この意味で、ヴェルサーチはつねにアルマーニに勝つ。

くだらない（どころかひどい）こじつけ話だと思われようとかまわないが、すべての「メガ級」評論家は、このローカット・ドレス・シンドロームにかかっている。たとえば二十本かそこらの赤を一度に試飲するとしよう。ラベルが見えても見えなくてもかまわないが、いわゆるブラインドテイスティングであれば、ローカット・ドレス・シンドロームの症状はさらに深刻になる。

人がどれほど意識して、あるワインを公平に見ようと努めても、そしてローカット・ドレス・シンドロームを避けようと自覚していても、誰しも色がもっとも濃く、外向的で、近づきやすい、気持ちをそそられる香りをもつワインに惹きつけられるだろう。こうした手招きするようなワインには、さらに踏み込んで味わってみたい気にさせられるが、それこそ思うつぼなのだ。

さてここからが重大局面だ。メガ級評論家たちはとてもすぐれた識別力がある。いかに色が濃くて愛想のいい味のワインであろうと、真にすぐれた内実をもたぬものを認めはしまい。深く検討して、さもしげなワインとわかったら、それに見合う低い評点をつけて他へと移ってゆく。しかし、もしもワインがとてもよくできているとしたら、人はいとも無意識に、このワインを基準とさだめ、他のすべてをこれに合わせて並べなおそうとするのである。遠隔測定によって試飲するようなものである〔遠隔測定とは、条件等の制約から観測対象から離れた地点で観測をおこなうこと〕。

これがローカット・ドレス・シンドロームである。「よい」ワインにして、最も色が濃く、大柄かつ濃厚で、近づきやすければ、かならず最高点がつく。かならずだ。これがローカット・ドレス・ワインである。

ごく率直に言えるのだが、大規模な試飲を余儀なくされたときなど、私は繰り返しこの現象に見舞われた。ローカット・ドレス・シンドロームの自覚があろうがあるまいが、試飲対象の厖大なワインが一度に並ぶとき、人は競合する味わいの混沌に対して、何らかの秩序や階級を無理にでもこじつけようとせずにいられないのである。

ローカット・ドレス・シンドロームが不可避だなどと思ってもらわなくても結構だ。「きみより経験豊富な、老練な試飲者はいるはずじゃないか」。きっとそうだろう。

しかしその証拠は評点にあらわれている。もしもメガ評論家が広範なブドウ品種とヴィンテージにわたり最高点をつけたワインを、長年かけて味わうことができたら、最高点ワインはほぼすべて、大柄で風味強壮、(赤であれば) 色は濃く、濃厚な味わいで、決まってオーク風味が顕著であることがわかる (オーク風味のせいでワインは愛想よくなり、また馴染みの味わいになる)。

注意すべきは、こうした高得点ワインはたいてい生産者各自の最上位ワインであることだ。メガ評論家の識別力はことほどさようにすぐれている。彼らはつまらぬワインには眼をかけないのだ。しかし、その選択眼は構造的にローカット・ドレス・シンドロームに罹っている。

長くもない時間に何百本ものワインをまじめに試飲しようとは、いかにも現代的な企てだが、その構造的な問題はきわめて顕著な課題となっている。

Making Sense of Wine, Second Edition (Running Press, 2003) より、版元の了承のもとに転載した。

ぜんぶノワール、いつでもノワール

あの頃しばらく——そう、一九七〇年代初めから一九八〇年代後半まで——カベルネが一世を風靡していた。新興のワイン産出国をどこも侵略していた。造り手がどんな新参者でも楽に扱えた。それに、カベルネは他のブドウに比べるとあきれるほど収量が多い。いつもいい味わいで、輸送にもへたらず、誰もが大もうけできる。

それでもちょっとしたことが起きた。カベルネは商業上、圧勝したが、精神的に敗北を喫した。今日どのワインも、大きくなったらカベルネみたいになりたい、とは望んでいないからだ。往年のカベルネの姿を胸に抱いている造り手はほとんどいない。代わりに誰もが造っているのがピノ・ノワールで、それ以前はみな、カベルネ、シラー、ジンファンデル、マルベックなどを造っていた。

これを「ピノ・パラダイム」と呼んでもいいかもしれない。それはつまり、カベルネ愛好家も含めて、私たちがみなピノ・ノワール的な個性をもつ赤を欲するようになったということだ。カベルネは酒棚を制圧したが、「良心と知性」を失った〔「良心と知性」*Hearts and Minds* はベトナム戦争をめぐる反戦映画のタイトル。一九七四年発表〕。代わりに人びとの胸を打ったのがピノ・ノワールだった。

どの産地のワイン生産者も、飲むほうも、赤ワインのなかに、いかにもピノ・ノワール的な特徴を追い求めている。しなやかさ、絹が滑るような口当たり、繊細さ。何よりも、みずみずしい味わいと、ベリー果実を思わせる香りと味わい。早い話、ピノ・ノワールである。

このことを私が痛感したのは、アルド・コンテルノを訪ねていたときのことだった。六十八歳の彼は、私の見るところ、バローロ最高の造り手である。軽々しく何かを信じ込むような人ではない。それでも現代性を志向し、熟慮を重ねた。踏み出す前には全身の力をこめ、跳ぶこともためらわないかのようだ。

アルドが出荷前の一九九五年産バローロを出してくれたとき、ひと口飲んだだけで、激変が起きたことがわかった。ワイン評論家でも「急げ、ワトソン、何かが起こった」という場面だ。

「これは例のロト・ファーメンター〔回転式発酵槽〕じゃないですか?」私がそう聞くと、アルドは認めた。

アルドの三人の息子、フランコ、ステーファノ、ジャコモが、いまさら新しくもない、この素っ頓狂な装置を入れさせようと、父を説得していたことは知っていた。ドラム式の洗濯機といえばロト・ファーメンターのおおよその想像がつこう。昔ながらのブドウの圧搾機のようでもある。だが普通の圧搾機なら周りに陣取って絞るだけだが、ロト・ファーメンターのやることはふざけている。回転して、洗濯機のようにブドウの果皮と果汁をばしゃばしゃとかき回すのだ。

着想は何十年も前からあったのだが、先進的な生産者がこれを試しては、物足りないと感じてきた。ロト・ファーメンターは短期間で濃い色を抽出できるのだが、荒々しいタンニンも出過ぎる。ワインは抽出過剰となり、繊細、精妙なところがなかった。

もうそんなことはない。コンピュータ制御のおかげで、熟練した醸造家はどれほど洗濯機を、いや果皮と果汁を回せばよいか、正確にコントロールできる。たとえば一定の向きに五分間回転させる。設定した時間だけ休ませてから、逆向きにもう二分間回転。これを昼夜を問わず、自分の思い描くとおりの設定でおこなうのだ。コンピュータは眠らない。当然ながら、人のほうは何をしているかをちゃんと判っていなければならない。

さて、ネッビオーロというブドウは、タンニン含有量が格段に多いことで知られるから、この装置にはひどくそぐわないのではないかとお考えの人も多いだろう。しかしアルドには別の確信があった。彼はランゲで最初にロト・ファーメンターを使った造り手ではない。だが彼は、ピノ・ノワールが拓く新しい地平、すなわちピノ・パラダイムの力を、造り手として初めて明示した。アルドがネッビオーロから引き出したいと願ったのは、ランゲの造り手たちが何世代にもわたって密かに感じてきたもの、すなわち土着のネッビオーロのなかから聞こえてくる、ピノ・ノワールの鋭い叫び声だった。

「ネッビオーロとピノ・ノワールとのあいだにつながりがあることに、私はいつも気づいていたよ」アルドは言う。「ただ、今までそれをしっかり摑みきれなかった。私見だが、今こうして造っているのが真のネッビオーロだと思う。かぐわしさとベリー果の風味にあふれていてね。昔ながらの、タール風味とタンニンばかりの、果実味が消えたワインではないんだ」

さらに重要なことは、アルド・コンテルノの取り組みのなかで、何ものかが遥かな高みから、彼のバローロを変えていたということだ。まさにそのゆえに彼の一九九五年産バローロは重要な意義をもつのだが。ラルー・ビーズ＝ルロワはドメーヌ・ルロワにおいて同じことをし、ピノ・ノワールそのものに激震を起こした。ともに六十歳を過ぎた二人には、変化を必要とする理由がなかった。世界は、彼らとそのワインを最高位に叙した。やはりそこにはピノ・パラダイムの後押しがはたらいていたのである。

世界中のワイン生産者がしているのも同じことである。当代最高のカベルネが、ボルドー、カリフォルニア、イタリアのどこからも生まれるのを見ればわかる。ジンファンデルしかり。キアンティ、オーストラリアのシラーズ、ロワールのシノンやブルグイユ、ローヌの多彩な赤。バルベーラ等々。どれもみな、ピノ・ノワールによって新たに拓かれた地平を追い求めているのだ。ラベルが掲げる名称に関係なく、それが私たちの時代の味覚となったのである。（一九九九年）

万能の味覚なんて、あり得ない

ワインでもっとも普遍的な経験だと思うことを書こう。つい先日もしたことだが、ワインショップに入ってゆき、店員におすすめを聞くとしよう。「あまり持ちあわせがなくて」と言うとしよう（少なくとも私はいつもそう言う）。とあるワインを心こめて推奨してくれる。「今、これが私たちの定番です」

あなたはそれを買って帰り、ひと口飲んだとたん、「あーあ」。いったい全体、どうしてこんなワインをすすめるのか。

そのわけをお話ししよう。それは、万能の味覚などというものが存在しないからだ。人とワインとのかかわりかたによって、味わいかたも出る結論も変わってくるからだ。例をあげよう。

小売店の味覚

美点　ワイン商が口にするワインは、誰よりも多く、産地も多い。卸売業者が毎日どっさりとサンプルを持ち込むからだ。世界中のワインを徹底的に経験したければ、ワイン店で働くにかぎる。

欠点　消費者にワインを売るようになると、当然ながら、お客が何を買うだろうかと考えずにいられなくなる。これが逆に、味覚を歪めるようになる。ワイン店の人びとは、はじめのうち目利きだが、やがて商売にとりこまれてゆく。

汚点　店で売ると決めたワインが、文句なしにいいワイン。

評論家の味覚

美点　望ましい評論家の姿とは、美術館学芸員のワイン版である。ワインについて書くものは、それこそ芸術のための芸術である（べきだ）。ワイナリーと生産者に接して広範な研究に携われる機会も比類がない。同様に膨大な数のワインを試飲する機会にも恵まれる。

欠点　評論家は、ワインの他となにか違うところ、華々しいところにうずきを覚え、感じやすくなるものだ。こうしてたくさんのワインを知ると、当然のごとくそれが経験の基層の大部分を占めるようになる。やがて飛びぬけたものが欲しくなる。こうして「飛びぬけた」ワインは、低収量、新領域の畑、非凡な造りなどで、現実にすぐれていることもあるが、いつもそうなのではない。

汚点　繊細なワインよりも、大柄で華々しいワイン（強いオーク、濃い色、高いアルコール）にお墨付きを与えよう。

ワイン生産者の味覚

美点　ワインがどういうものから成り立っているかをもっともよく知る人であり、なぜこのワインはこういう味わいなのかをもっともよく言い表せる立場にある人。ワイン生産者は、木目やほぞ組、仕上げに目を光らせる、ワインという家具の職人魂をもつ人である。

欠点　多くの生産者はワインに鑑識眼のある人ではない。ワインから一歩身を引いて大きな視点から眺めることもしない。凝った衣装箪笥《アルモワール》を眺めるにしても、目の利くコレクターと大工とでは、対象が同じでも見えるものは異なる。また生産者の多くは、自分と隣家のワインのほかは、めったに定期的に飲むことがない。

汚点　ワインの本質的な美質はワインの「造り」から得られると思いこむ。

ソムリエの味覚

美点　ソムリエはワイン商を別とすればもっとも多種多様なワインに出会う職種である。同様に、すぐれたソムリエはワインの優れた学徒である。

欠点　二足の草鞋を履く。たいていのソムリエは、初めはワインを愛する消費者で、次にレストランでのサービスに従事し、やがて兼業でワインの論評もするようになる。画廊主と同じで、ソムリエは評論家のように語りはするが、そのほんとうの仕事は売ることにある。多重人格の「シビル」ではないが、目の前にいるソムリエの真の素顔を知ることはできない〔シビルは映画「失われた私」の主人公。

脚本となったノンフィクションは偽書ともいわれる」。

汚点　「原価の三倍だったらお得だよ」

消費者の味覚

美点　ワイン消費者は誰よりも楽しんで、愛情さえ抱いて、ワインを飲む。初心者から本物の熟練者にいたるまで、知識は広大な領域に及ぶ。消費者の味覚はワインの喜びをもっともよく受けとめる。また、もっとも好奇心旺盛でもある。ワインを楽しむことにかけて右に出るものはない。

欠点　いかんともしがたい安易さ。なんといっても、多くの消費者は、多数の競合するワインを並べて飲む機会がないから、あるワインに何が欠けているかを捉えることができない。

汚点　「私が気に入ったら、それがいいワインさ」

こうした一般化した言いかたがほんとうだとしても、避けがたいものだろうか。無論そんなことはない。すぐれた鑑評家は役回りを代えようとし、うまくやることもある。だが思ったより容易なことではない。

十八～十九世紀のフランス人、ブリヤ＝サヴァランの名言「きみが食べているものを言ってみたまえ、きみがどんな人だか言ってみせよう」

だがワインで言えばこうなる。「きみが何をしている人か言ってみたまえ、君がどんな飲みかたをするか言ってみせよう」

（二〇〇三年）

骨太の法則

私が教える試飲講座で、ほぼすべてのグループに対して、いつも注意していることがある。それは、味わいばかりに気をとられないように、ということだ。相手がいわゆる上級コースでも同じである。一見するとばかげた論かもしれない。つまり私は、「試飲」講座だといいたいのだが、お判りだろうか？　違うんだ。

ひとがご存知かどうかは別として、私がやってきたのは、ワインを「判断する」講座だ。味わいは大切だが、判断することはさらに大切だ。一例をお目にかけよう。

誰でも家庭の内装施工を手がける豪華な雑誌で「ビフォー&アフター」の写真を観たことがあるだろう。そのパターンはこうだ。まず、大学の古い寄宿舎さながらの、ごみ溜めみたいな部屋の写真が掲げられる。つぎに「アフター」の写真で、よい趣味の何たるかが示される（当然だがお金の話はない）。

一般大衆が感じ入るのは、何よりそれが人目を惹くからだ。部屋いっぱいに垂木までとどく家具が並び、壁はきれいなペンキの重ね塗りで（これは金がかかる）まばゆく光っている。そして決まって、装飾家がパリの蚤の市で手に入れたお誂え向きの置物（六千五百ドル）が鎮座し、「ここが部屋の中心」と写真に注記してある。

しかしプロはごまかされない。どうしてかというと、プロは装飾になど目もくれないからだ。実際に「味わう」ことなどしない。その代わり、とめどない家具をやりすごし、ほんとうに重要な点を、つまりその部屋にどういった「骨」があるかを調べ上げる。天井は高いか（結構）、大きな窓はあるか（なお結構）、何よりも間取りはどうか。

以前、装飾家の友人が言ったことだが、「骨がよければ、やることは減るんだ。みごとな暖炉があって、天井の高さが一二フィートで、外が開けた大きな窓があって、セントラルパークなんかがよく見えればね」

ワインでも同じことが言える。誰だって当たり年のラ・ターシュを好きになる。せっかくだから眺めのいい部屋（ワイン）の話をしよう。すばらしい風味がグラスから湧きあがってくる。だが、ラ・ターシュが偉大なブルゴーニュなのは、その風味のせいではない。そう、骨のせいなのだ。

ワインを判断する材料は味わいだけではない。むしろ、せめて判断するときにはそこをやりすごし、面前のワインがしっかり組み上がっているか、あるいは新樽などで「装飾」をしただけなのかを見極めよう。

ここには猫がマタタビに転げ回るような面白みはないから、たいがいの試飲者はそんなことはしない。しかしワインをほんとうに理解したければ、避けて通れない。

さらに言えば、ある体制を打破するためにはこうするほかない。今日、値の張るワインはどれもふんだんにオークを用いた果実味のけばけばしいもので、装飾が目にあまる。しかも効果絶大である。買付人がそんなワインを取りそろえると、すごいといって感嘆される。よくある話だ。

だが彼らは「骨」は気にかけない。そのワインには心躍るような酸味があるだろうか（ないのが普通）。果実味は個性がきわだち、特異でさえあり、はじけるほど強烈なものだろうか（ご想像に任せる)。なによりもワインが育っていけるだけの骨組みがあるだろうか。

こうした質問を発するようになると、いつしか価格やラベルなどよりはるかに堂々たるワインを選べるようになる。たとえば先日、カリフォルニアのルネッサンス・ヴィンヤード&ワイナリーの十年寝かせたソーヴィニョン・ブランを引っぱり出してみた。当初からすごい骨があったが、十年後の姿はみごとだった。いくらで買ったか忘れたが、六ドルほどか。直近のヴィンテージの上物は十ドルほどで、なおいい(価格は執筆当時)。

「よい骨の法則」はどの場所の、どのワインにも当てはまる。これは偉大なワイン(値段は関係ない)と単にうわべだけのワインとを区別してくれる。低収量だが脚光を浴びない畑が、高名な畑のワインをしのぐことがあるのはこのためだ。

立派な骨をもつワインは至るところにある。キアンティ、シチーリア、モーゼル=ザール=ルワー、ラングドック。ブルゴーニュではオセ=デュレス、サン=トーバンといった村が、花形スターもうらやむ骨(と肉)を持ちながら、冷や飯を食っている。カリフォルニアでそうしたワインを挙げると長くなるが、たいていは(シャルドネなど)もっと有名で判りやすい品種が育つ場所で、別の品種で造られる。リメリック・レーンのジンファンデル(ソノマのルシアン・リヴァー・ヴァレー)などが思い浮かぶ。

早い話、本気でワインの判定者——と市場監視者——になりたければ、キラキラの光り物など目もくれず、骨の深さまで掘り下げることだ。

(一九九九年)

好きと嫌いを超えて

人をワインに入信させようとする人々は、その福音を伝える方法で、絶えまなく引き裂かれているように見える。ある学派は「すべては学ぶこと」という姿勢を擁護する。その一方に、もっと強気のポピュリスト陣営があり、絶えまなくこう叫んでいる。「コルクを抜いて、注いで、ぐいっとやるんだ」

形式主義者が言うには、ワインは難しいから、ただ飲むだけではだめで、勉強が不可欠である。だが「抜いて、注いで、ぐいっ」の信奉者には、そういう姿勢は規則ずくめでもったいつけが過ぎると感じられる。

ワインを飲む人が各人各様のやりかたで学ぶことができれば、みな自分の流儀でワインの奥義にふれることができるというわけだ。

実際、高名なワインライター、アレクシス・リシーヌほどの通人も、かつて「コルクを抜くにまさるものはない」と言い放った。

何十年もワイン講座で教えてきた経験から言えるのだが、どれほどうまく選び出したワインでも、やみくもに開けて飲むならば、美術館に行ってあれこれ凝視したすえ何も理解できないのと変わりがない。そこには焦点が、そこに生まれる観点が、欠如しているからだ。

ワイン教室の教師の立場にあって、私がいやおうなしに教えられたのは、各自の流儀に任せておくと、ほとんどの人が（初心者レベルをとっくに過ぎた人でさえ）、ワインを好きか嫌いかの立場から評価したがる、ということだ。

「抜いて、注いで、ぐいっ」とやるのは痛快だろうが、手をとり、背中をそっと押して、基本として重要なことがらと、それほどでもない目先のこと（たとえばタンニンとか最新の醸造スタイルとか）との見分けかたを教えるのは誰にも有用である。

承知できない人もあろうが、喜びは名酒をはかる目安ではない。むしろ大切なのは、複雑さ、品格、味わいの凝縮感であり、まぎれもないオリジナリティが（明示できなくても）実感できることだ。

確かに、こうしたことが相まって、喜びというかたちをとる。だが、そうした喜びは、たとえば残糖分がたまらない、といったことよりも、ずっと本質的なものだ。

私の生徒たちが「ええ、このワイン好きなんですが……」といって議論を始めようとしたら、私はやんわりと、あなたの好き嫌いが問題じゃないんですよ、と言ってやらねばならない。「どう思ったかを話してください」と生徒に頼む。「あなたの好みはひとまず結構ですから」。ワインに愛の鞭か、と言われるかもしれない。

もちろん、好き嫌い一辺倒の姿勢でも差し支えはない。ただ、好き嫌いだけでは人は深く考えるようにならないもので、せいぜい快・不快の反応を示すにとどまる。だが、自覚的意識があれば、「これが好き」「これは嫌い」と好みをいうだけの浅瀬にいた、ずぶの初心者でも、思索の深淵へと泳ぎだすことができる。

ワインを飲む人、それも日の浅い人は、たいていタンニンを苦手とし、そこまで多くはないが、次に酸味を苦手とする。タンニンの収斂味は、外国語の動詞活用形を覚えるみたいに手ごわいことがある。少しタンニンがあるから、わずかに酸味が刺すから、このワインは楽しくない、したがって「よくない」といって背を向けたがる人々がいかに多いことか。それがどれほど間違っていることか。

私は教室でかけがえのないことを学んだ。だからこそワインを教えるのは大きな喜びなのだが、それは関心の強い愛好家が、いとも速やかに、いとも造作なく、ワインのほんとうに大切なところを学びとってくれることだ。それはラベル表記の文法（そのために多くの人はワイン教室に通うのだが）のことではなく、ワインそのものを知ることだ。

進度によって複雑になったりするが、ひと晩六本に絞り込んだワインで、正真正銘の初心者が、あるワインが他よりも本質的に優れていることを見抜く、そんな場面に私は何度も立ち会ってきた。ただコルクを抜くだけではこうはいかない。

（二〇〇七年）

違いがわかるということ

ワインについてほんとうによく聞かされる言葉に「いやあ、私には違いがわからなくて」というのがある。いうまでもなくここには、名酒と並酒とを峻別する違いが、なにかしら普通の人の理解を超えている、という思い込みがある。

ちなみに料理に関して同様の言を聞いたことはない。男でも女でも、料理となれば誰もが練達の

（でなくとも有能な）審判を自任する。だが、ワインを愛好するというと、なにか秘密の知識、つまり日常の知識を超えた見識めいたものを連想する。

言っておくが、これはワインに限った話ではない。私はステレオ装置をめぐって、しょっちゅう同じ場面に出くわすが、こちらもやはりオカルトめいた領域で、用いられる語彙は呪術かと思うほど曖昧をきわめる。

ステレオに関しても「いやあ、違いが聴きとれないよ」と、同じ台詞を聞くが、そう声を上げる友人たちはやや難聴ぎみで、補聴器の世話になっているから、それは無理もない。だからといって、神秘的なことに無縁なのか、などと思ってもらっては困るが。

それでも私は彼らにちゃんと違いを聴かせることができて、たいへん驚かれたことがある。「違い」という言葉が鍵だ。難聴の友人は全周波数帯域を聴くことができるかというと、そんなことはない。だが、彼らにしっかりと聞きとれるものが、ありのままにもらさず聞こえるということが大切なのだ。

見方を変えれば、たとえばサンタクルーズ・マウンテンのマウントエデン・ヴィンヤーズが造るシャルドネ・エステートのすばらしさにまつわる背景を理解し尽くしていなくとも、「おお、これは今まで飲んだどんなシャルドネとも似ていないぞ」とは言えるわけだ。

ワインを味わうとき、私たちはワイン自体を評価しているのではなく、そこに見出される違いを注視している。意識しようとしまいと、過去に飲んだ別のワインと自動的に比較しているのだ。それが優れていると感じるのは、私たちがそこに「違い」を感じとるからだ。

「いやあ、私には違いがわからなくて」と言うのが勘違いなのはこういうわけだ。違いを口にすることは、いやせめて感じとることは、誰にでもできる。不慣れな人はたいてい、自分が感じている違いをうまく言いあらわせず、それがもどかしい。

ワインを誰か他の人と、また他のワインと並べて飲み、それについて語り合うことが有意義なのも、こういうわけだ。あるワインについて、自分が感じとらなかったことを、誰かが指摘する、ということはかならずある。私は、深い経験を積んだ、比類のない味覚の持ち主を知っているが、そんな人でも入門者と同じようなことがあるのを見ている。ワインの複雑な味わいがあるレベルに達すると、その全体像を把握しきれる人は誰もいない。

それればかりか、名酒として選び抜かれたそんなワインを何本も並べて飲んだりしたら、違いはたちまちぼんやりする。ブルゴーニュのシャンボール＝ミュジニとモレ＝サン＝ドニとの違いは紙一重である。違いが小さく精妙になってゆくほど、一般化した識別法でそれをとらえることはできなくなる。

ついでにいうと、大規模な試飲の場では、鋭敏な味覚をもってしても、そうした違いをどうにも感じとることができないが、その理由の一端もここにある。TVドラマ「ロー&オーダー」を見た人は知っているが、犯人はすぐさま登場人物たちのなかで目立たなくなってしまう。このレベルで「違いを見分ける」には犯罪調査だけではだめで、むしろプレッシャーをかけずにおいて、結末を生じさせる必要があるからだ。

一九八一年、心理学者ロイ・マルパスとパトリシア・デヴァインは、目撃証言の精度に関する画期的な実験の結果を公にした。実験は「無法者」役の男が講演会場に闖入し、演壇の人と数語かわしてか

ら、機械の棚をひっくり返してしまう。その後、聴衆は容疑者らの顔ぶれを見せられ、犯人の特定を求められる、というものだ

実験でわかったのは、犯人特定の命中率は、目撃者が受けた説明によって大きく変わるということである。あるグループに対しては、容疑者の顔ぶれの中から犯人を選び出さねばならないことをほのめかす。別のグループは、無理に選び出す必要はないという含みの説明を受ける。

目撃者は、自分が選ばねばならないと思うと、よけい間違った犯人を選びやすくなる（私はブラインドテイスティングで年がら年中こういう目に遭っている）。ところが、自分が犯人を特定しなくてもよいといわれると、つまり、もっとリラックスした、判断を強制されない状態にあると、犯人捜しはめったに外れない。

ヨーロッパの偉大なワイン産地がなしとげたのは、まさにそうした絶妙にして現実的なブドウ畑の区分なのだが、それは歳月をかけて何世代にもわたり畑の世話をしてきたからということだけではなく、ここに本質があるのだが、彼らが結果を強要される気遣いがなかったからにほかならない。だからこそ、その「目撃証言」は薄気味悪いほど正確なのだ。

違いを説明できますか？　もちろんできる。のんびりと、楽に構えることだ。

（二〇〇七年）

一万時間

インタビューを受けたり、新聞や雑誌に意見を請われることがある。いつも肩書には「専門家」とつけられるが、身の縮む思いがする。

一般人と比べれば私は専門家かもしれない。それならあなたもそうだろう。だが、私たちのどちらが本物だろうか。それに、飲むワインのどれにでも通暁しているだろうか。

こうしたことについて、最近読んだ本のなかに、なかなか面白い考察があった。*This Is In Your Brain on Music*〔邦題『音楽好きな脳』西田美緒子訳、白揚社〕で、著者のダニエル・レヴィティンは認知心理学の、そう、専門家である。モントリオールのマギル大学で、音楽の受容・認知・習熟研究室をもっている。

この本は面白くてやめられないが、読み進めるうちレヴィティンはこう喝破する。「どの分野にせよ、国際級エキスパートの域にまで何ごとかに熟達するには、一万時間の修練を要する」

「作曲家、バスケットボール選手、フィクション作家、アイススケート選手、ピアノ演奏家、チェスプレイヤー、大物犯罪者など、研鑽に研鑽を重ねるとき、なんであれこの数字が繰り返しあらわれる。一万時間といえば、ざっと一日三時間、一週間に二十時間の練習を十年間続けることを意味する」

「これより短い時間では、誰ひとりとして、真に国際級エキスパートの域に達した人はいない」

これは大まじめな話である。一万時間こそが願望の世界と熟達の世界との大きな分かれ道だ。そこで自問されたらよい、たっぷり時間をかけたろうか、と。

「一万時間の法則は、脳の学習のしかたについての知見でも確かめられる」。レヴィティンは言う。「学習は、情報を神経組織のなかに取り込み、整理統合することを要する。何ごとかについて経験を深めるほど、経験に向けた記憶と学習の道筋が強化されてゆくのだ」

ウェブサイト版『ワイン・スペクテイター』でラジャット・パーのブログの見出しを読みながら、このことを考えていた。サンフランシスコのレストラン〈マイケル・ミーナ〉のソムリエ、パーは、利き酒のプロがひしめく都会のなかでも際立った才能の持ち主である。そのブログで、彼と数人のソムリエが定期的に集まって、真剣勝負のブラインドテイスティングをする様子を伝えている。

「私たちはたいてい夜遅くに集まり、難しいワインで互いに困らせあうのだが、決めごとにしているのは、ワインはクラシックなものにする、ということだ」彼は（きわめて詳細かつ上手に）このゲームにいかに強いかを伝えてくれる。だが、こう付け加える。「試飲してワインを感じとる奥義は言葉にすることができない。繰りかえし繰りかえしおこなうことでしか学びようのないものだ」

レヴィティンも同意する。「修練を積めば積むほど神経回路は増大し、その結びつきによって、より強い記憶描写を生みだすことができる」

とはいえ十年間、毎日三時間ワインをがぶ飲みするだけではだめだ。もしもそれでいいなら、アメリカ中のバーの常連客はビールやバーボンの専門家であろう。彼らは自分のしていることを意識しているだろうか。

「私たちは、前向きと後ろ向きの別なく、強い感情をともなう重要な事柄をコード化する傾向がある」とレヴィティンは言う。「人が新しい技能を身につけるとき、早いうちから人によって遅速の違いが生ずるが、それは意識の度合いによるのかもしれない」

彼によれば、脳には神経化学上の標識があって、重大と感じる感情のはたらきによって、それが記憶受容体へのアクセスを効率的に優先させている。

あの狙い撃つようなブラインドテイスティングで、試飲者は、さまざまなワインのなかの味の目じるしを習得することに強烈な意識を注いでいる。試験勉強のような反復学習も不可欠であろうが、彼らがこの専門特化した技能に長けているのは、そうした意識によるものにちがいない。

こうして話は核心にきた。あなたは、一万時間かけて熟達しただろうか。それがシャンパーニュとかボルドーとかのワインであれば、私はごく正直に、だめでした、と言う。必須とされる一万時間を注意傾倒と反復に費やさなかっただけでなく、そもそもこうしたワインを深く意識していない。私を動かさないから。

こんなことを言うのも、あと一歩踏み込みたいからだ。私は世界中のワインに通暁したテイスターというものに出会ったことがない。レヴィティンが述べるように考えるなら、それはあり得ない。一万時間という壁があるばかりではなく、相性という感情の問題をないがしろにできないからだ。それは、あなたが飲むものへの情熱だ。

真にすぐれたテイスターは、時間ばかりをかけているのではなく、精魂を傾けているのだ。女に向かうカサノヴァさながらにワインを熱愛しようとも、現物を知るには限りがある。その他は……それが技術さ。

（二〇〇七年）

保守派に一票（ワインですが）

この政治的な盛り上がりのさなか、万事は政治一色となる。ワインでさえも。消費者にもろにはねかえる容赦ない政治は、まだ何州かの議会を震撼させている。ただし私の食生活に政治は無縁だ。こり固まった右派とも、レクサスを大目に見る人とも、わけへだてなくいいワインを飲んできた。

だが近頃は、どうも自分がワインの政治上中立ではないのを自覚するようになった。ワインを注ぐ相手は選ばないが、何を注ぐかについては党員証つきの保守派なのだと思い至ったのだ。

妙なことだが、自分自身では最近までそれほど保守的だと思ったことはなかった。傾向があることはわかっていた。つまるところ、私が最初に惚れこんだ——今なお愛してやまない——偉大なワインは、故ジャック・ダンジェルヴィルのヴォルネの数々である。これこそ厳正解釈者の赤ワインであり、オーク風味は見てとれず、あからさまな「造り手の手業」もない。仕込み中、ポンプで勢いよく果汁を果皮に注ぎ落としたり、押し沈めたりして果皮から濃い色を抽出することもない。

その一方で、長期低温浸漬という、ひところもてはやされた手法があった。ピノ・ノワールの果汁に大量の亜硫酸を添加して、野生酵母で勝手に発酵がはじまるのを防ぐ。そして氷温すれすれにまで冷却し、色素に富む果皮とともに三週間もの長きにわたりそのままにしておく。ようやく発酵がはじまるとき、果汁は温められ、培養酵母が接種される。

一九八〇年代後半にさかのぼれば、当時この手法でブルゴーニュは大躍進を遂げたと喧伝された。大躍進でも何でもなかった。今日この極端な手法を行うものはほぼひとりもいない。

カリフォルニアではまた別の過激派がみられる。さきの例と同じで、私たちは「よいことなんだから」といわれる。今度のは、ブドウの果房が完熟するまで樹につけておくというもので、無事に発酵し終えたあかつきには、ワインのアルコール度数は十七パーセントにもなる。これは酵母がアルコール耐性を保って発酵できる上限である。

次に醸造家は、なんと果汁に「還水」をする。これは、庭の水撒きホースで発酵槽に水を注ぐことの謂いである。果汁は薄まり、それにつれてアルコール度も十五・五パーセントまで下がる。こういうわけで、ラベルに謳われるアルコール度数は信用できない、というか、してはならないのだが、それでも醸造家たちはワインの厳密な度数を表示したと言いはる。超過熟ブドウのアルコール度数を下げるには、スピニング・コーンあるいは逆浸透膜といった先進技術を使えば造作もなく、同様に見せかけの厳密性を装うことができる。

要は、いつものことだが度を越しているのだ（発酵中の果汁に補糖するシャプタリザシオンも例外ではなく、わずかにとどめれば感心され、度を越せばぶざまなワインになる）。マイケル・ジャクソンではないが、いったいどの一線を越えたせいで、ワインがこれほど歪んだ顔つきになり、加工されたあとの姿をさらすばかりとなったのか。

私のなかのワイン保守主義が身震いする。ブドウの水分が極度に少なくなるまで過熟させたあげく、水を注いで元に戻すことは、技術的には無害と見えるかもしれない。だが、そうであるなら凍結乾燥で水分をとばしたスープも、水で戻せば元のスープと変わらぬはずだ。でも決してそうはならない。

かつて私は「先進的思考」の生産者の言葉を、ずいぶんと進んで信じようとしていた。長年、格子棚仕立てはブドウの樹を高収量にしてくれ、品質も低収量の樹と変わらないといわれた。オーク材の小片やオガクズは伝統的な木樽に遜色ないともいわれた。科学的検証で選抜されたクローンだけを採用すれば、色も味わいも、病害抵抗力も優れた最高のワインができるといわれた。遠心分離器、濾過器、酵素、化学肥料、防カビ散布剤、摘み取り機、真空濃縮機などを日頃から使うのが望ましいのだといわれた。

今ではもう言える。私が聞かされてきたことはほとんどが間違っていた、と。徹頭徹尾間違っていた、というわけではない。だがこうした「進歩」の大半が、あとで見直された。

当代最高のワインの多くが「向上」したのは、かつて時代遅れとされ、小馬鹿にされた手法に回帰したおかげだとは、現代の皮肉としかいいようがない。有機農法もしくはビオディナミ農法の教え。ワイナリーの重力移動設計。畝と畝との間の草地化。同一畑で少数の選抜クローンによるのではなく、さまざまな分枝種を育てること。

かつての経験をふりかえり、そこに何ものかを見いだすならば、思うに画期的なワインなどというものは、少しも意表を突くものではない。それは単純で、そのぐらい保守的なものだ。（二〇〇八年）

私のワインは私そのもの

おそらくワインは今、その何千年にも及ぶ歴史のなかで初めて、公けに自己を表明する手段という役割をもつに至った。

先日韓国を旅して連続講演をしているうちにそんな考えが浮かんできたのである。私はすでに聞き知っていたが、日本の漫画週刊誌に『神の雫』という連載があり、雫という名の登場人物がワインを愛し、独学してゆく筋書きが、たいへんな影響力をもっているという。

それが翻訳されて、韓国でも広く人気を集めた。今日、韓国で視聴率の高いテレビ番組は、『テロワール』なるワイン漬けの連続ドラマである。これが一九八七年まで輸入酒類つまりワインが禁止されていた国だとは。愉快ではないか。

ともあれ、ある日の講演の後、若い女性がやってきて、こう訊かれた。「私はずっとワインを学ぼうとしてきました。でも、これまでたくさん読んだ本はややこしくて、それに過去のできごとを論じているように思えるんです。私が言いたいのは、今何を知ればよいのかということなんです」

私はこの言葉にちょっと不意を打たれた。べつに彼女が不作法とか、なじるような口調だと思えたからではない（その逆である）。そうではなく、私のように会場の演壇側に立つ者が失念しがちなあることを、彼女が明るみにしたからだ。つまり、今日のワインはわずか十年前と較べてさえ、まるきり別ものだということである。

アジア人、アメリカ人、ヨーロッパ人にかかわりなく、ワインの入門者にすれば、二十一世紀のワイン生活は、つい二十年前のそれとは比べものにならないほど違う。それは自己確立の一基準であり、一形式である。たとえばこうだ。

二十一世紀、ワインの世界では、意識するとしないとにかかわらず、人は「土地本位」と「ブランド本位」ともいうべき立場のあいだに身を置きつつ、各自「ワインの自己」を確立してゆくだろう。

土地本位の立場は、立地の独自性と、ブレンドしない単一品種による醸造を重視する。ほとんど凝り固まったように「違い」にこだわり、いわゆる自然派のワイン造りとブドウ栽培法を追求する。どのワインでも適合するが、とりわけカベルネ・フラン、冷涼地のシラー、ネッビオーロ、リースリング、そして当然ピノ・ノワールにおいて隆盛である。

いっぽうブランド本位の立場では、もっと寛容に実利をとる。決め手は畑よりも醸造家を重視する点である。ワイン造りにおける介入的手法は擁護というより賞賛される。ブレンドは品質向上の工程である。

土地よりもブランドを重視することで、オーストラリア産、チリ産ワインがやってのけたように、高品質ですばらしい内容の低価格ワインを造りあげる例がみられる。どのワインでも適合するが、こうした志向性はとりわけサンジョヴェーゼ、シャルドネの（全部ではないが）大多数、セミヨン、温暖地のシラー、メルロ、そして無論カベルネ・ソーヴィニョンにおいて隆盛である。

二十一世紀、ワインの世界では、世上最も高名なワインとは関係のないところで「ワインの自己」が

確立される。

今日、ワインの入門者は、ボルドーやブルゴーニュの銘醸ワイン、あるいはナパ・ヴァレーの超高級ワインといった古い尺度にほとんど染まっていない。こうしたワインは、いずれも法外に高価すぎ、圧倒的多数の愛好家にすれば、事実上、もはや実在のものですらない。私は試飲記録やチャットボード上の「仮想《バーチャル》ワイン体験」で味わうことにしている。

二十一世紀、愛好家は新しい指標によってワインの自己を確立し、ワインの価値判断をするようになる。

たとえばカリフォルニアのピノ・ノワール愛好家の多く、いやほとんどは、ブルゴーニュのピノ・ノワールに対し、横目で見る程度の関心しかもたない。そしてブルゴーニュの赤をどれほど飲んでも、あまり満足げでないことが多い。ピノ・ノワールの価値判断の基準は、かつてはブルゴーニュの専権事項だったけれど、今やカリフォルニアのワインにとって代わられた。

驚くことはない。ボルドーとカリフォルニアのカベルネでは、二十年も前にまったく同じパターンの事態がアメリカの新進ワインに生じた。現代カベルネを俯瞰したとき、今日のボルドーはスペクトル全領域のなかでひときわ目だつ波長のひとつにすぎず、全波長帯とはいえない。

二十一世紀、人は各自の「ワインの自己」を確立するにあたり、イェルプ、ツイッター、フェイスブック、ユーチューブといったソーシャルメディアを用い、さらにブログやチャットボードも利用す

るようになる。

私みたいなワインの物書きはもちろん、どんな種類の職業批評家にも、これはよい報せではない。私はこれでどっちつかずになるだろうか。きっとそうだ。職業批評家は「自分はこれが好きか?」という尺度を超えたところで仕事をするものだし、そうせざるをえないから。

こうしたソーシャルメディアを通じて発信される厖大な意見は、見識があろうがあるまいが、二十一世紀の新参者たちの「ワインの自己」をますます増幅させ、尖鋭化させてゆくだろう。とはいえ時流で変わらぬものがひとつある。人を虜にしてやまぬワインの魅力と美だ。これに較べれば、何が起きようが、年代物の布地に新しいしわができるくらいのものだ。（二〇〇九年）

メニューの読心術

世は挙げて告白ばやりである。時代の精神にならって私も白状すると、昔はペパロニのピッツァでアスティ・スプマンテをやるのが好きだった。これはワインにおける私の自己形成期の話にすぎず、今ではわが頭髪と同じくとうに過ぎ去ってしまった。ただ、知っておいてもらいたいと思ったのだ。こんなことを書くのは、私がいつも料理とワインの組合せのアドバイスをせがまれているからで、ときには雑誌の記事も頼まれる。

だが、さすがにこれで、かつてアスティ・スプマンテの甘ったるい泡がペパロニのピッツァに最高だと思っていたような男が料理とワインの相性を裁定する資格はないと考えてもらえるにちがいない。そこで、これから私が言おうとすることは却下してもらっても構わないのだが、そもそも料理とワインの組合せに思案して時間と労力をかけるのはむだである。かくいう私は以前フードライターで、ピエモンテ料理の料理書を一冊と、ワイン書を六冊出した男だ。

ワインライターを見渡して、あるワインにある料理を「結婚《マリアージュ》」――好んでこの言葉が使われる――させる仕事はまやかしにすぎぬ、そう信じているのは、知るかぎり私しかいない。

食卓での知ったかぶりで人を威嚇する練習なのか、ワイン野郎の口やかましさに拍車をかけようというのか、あるいはその両方なのか、同業者たちはどうしてこんな主張を貫きたいのだろう。とりあえずそこにはお金がからんでいる。

つい先週、二十年以上前に私のワイン教室に通っていた男性から電話をもらった。久しく音信がなかったのだが、彼はさし迫った不安から余儀なく電話をよこし、再び自己紹介をしてからこんな質問した。ほんとうである。ロワールのシュナン・ブランのワイン「クロ・ド・ラ・クレード・セラン」に合わせて何を出したらよかろうか、というのだ。

もう私には答えが出ていた。しかし嘆願者は憔悴しきっている。さも無限の可能性から探るかのごとく、しばし間をおいてから、私はおごそかに言う、「鱒の燻製にホースラディッシュのマヨネーズ、これでいきなさい」彼は涙せんばかりに感謝し、完璧な処方箋に歓喜した。そして再び教室に通うと誓った。

奇術の世界、とりわけ読心術とかメンタリズムの分野で、これは「強い働きかけ」という手法で知られている。すべてはさも権威ありげな振舞いによるのだ。

たとえばあなたがこう言うとしよう、「今夜、ベトナム風春巻きを出そうと思うんですが、どんなワインが一番合うでしょうか」。ではシャルドネを出しなさい、などと言おうものなら、がっかりされる前にげんなりされてしまうだろう。早い話、誰でもシャルドネを知っているからだ。

代わりに私は頭の中をひっくり返して、あなたがきっと聞いたことも飲んだこともないようなものを捜しだす。で、こうお薦めする、いや断言する。グリュナー・フェルトリナーこそベトナム風春巻きに最高の白です、と。その組合せは確かだろうか？　もちろん。そしてもちろん、リースリング、アルネイス、ピノ・グリージオその他二十種以上の辛口の白でもいいのだけどね。

だが人は感心してくれる。グリュナー・フェルトリナーなんて、誰が知ろう。尊敬のまなざしを感じる。私はさながらメニューの心理術者、味覚の司祭、感覚のシャーマンである。またきっと、世話になりたくて戻ってくる。私は無敵だ。

とまあ私がお見せしたのは、料理とワインとの怪しげな連動性の背後にあるしたたかな計算である。それは最高級レストランのソムリエたちの常套手段でもある。店で「カプチーノの泡をまとったハリバット〔オヒョウ〕、ハックルベリーのジュを流して」なんてふざけた料理を出され、途方に暮れたとしよう。どんなワインが合うだろうか。

もちろんシャーマンたるソムリエは、宗旨上、即答できる態勢にあるのだが、はい、これは真剣に考えてみましょう、と言う。熟慮の末、彼はしかつめらしい顔で、あたかも神の啓示を受けたかのように結論を述べる。オート・コート・ド・ニュイが最高でしょう。ついでに知性をちらりとひけらかして、二〇〇三年がよいですね、並外れて暑い年でしたが、濃厚な味でカプチーノの泡の焙煎香とよく釣り合うでしょうから、と続ける。

では私が思っていることを言おうか。拍子抜けするほど単純だが、いいワインは自ずと合わせる力を持っているものだ。一見してそのワインと合いそうにない料理とでも、みごとに本領を発揮できる。

確かに限界もある。いわゆる「ステーキハウス・レッド」つまり、クリームさながらのオーク香がする、カリフォルニアのモンスター級カベルネを、舌ビラメのグリルに合わせたくはあるまい。でも、そんなことはもうご存知だろう。

ところが、だめなワインとなると、ありとあらゆる世話がいる。いい雰囲気と御馳走のおかげで、ワインの役不足から目をそらしてもらうのだ（ついでにいうと、フランスの鄙びたビストロとかトスカーナ黄金の丘のトラットリアで飲んだ、あの愛くるしいワインが、家に持ち帰ってみるとひどい代物だったというのはこういうわけだ）。

料理にワインを結婚させようとするから悩みのたねが誕生する。アドバイス？　ひと目惚れしたワインと駆け落ちすることさ。ずっと幸せにやっていけるぜ。

（二〇〇六年）

ワインリストはこれでいいのか

ちょっと言いにくい秘密だが、多くの、いやほとんどのレストランのワインリストは無用の長物である。

ソムリエは大金をかけてまでして、長大で周到なリストを構築する。でも、客の大半はこうしたリストを見て、（独り言だとしても）「いったいどうすりゃいいんだ？」と言い、すこしはワインがわかる客にしても、そんなリストをじっくり読み込む時間がない。

先日、妻と、もうひと組の夫婦とで昼食をした。旦那は私と同じワインきちがいである。女二人は笑いながらも、どれだけ坐ってお預けさせられなきゃいけないのかしら、と身もだえしている。亭主はそれぞれタルムード〔ユダヤ教の複雑難解な教義書〕に向かう学生さながら、店のけったいなワインリストを理解しようとしている。

「とりあえず、何か飲ませてよ！」。友人がのたまう。「せめてお店も何か出してくれればいいのに。そうね、初めの五皿くらい。うちの人がワインの全ゲノムを解読し終わるまでにね」

とはいえ近頃のワインリストがどうして困るのかというと、それは長さのせいではない。並べかたの問題だ。最近のワインリストはもはやよく判らない。私はずいぶん時間をかけてワインの特徴を（よく知るかぎりで）思い出そうとするあまり、ついリストを隅々まで読み込むはめになった。

今日のワインリストは、驚嘆するような少数の例外を別とすれば、一世紀以上も昔のモデルを踏襲している。一八〇〇年代後半にさかのぼると、レストランでは限られた産地の限られたワインしか供されていなかった。まず何をおいてもボルドー。それからブルゴーニュ、シャンパーニュ、ドイツのワイン。多少の出入りはあるとしても、変わりだねとしてはトカイ、ローヌ、キアンティ、まあそんなところだろう。

なんといっても、ワインの造り方について、当時は何の区別もなく、またその必要もなかった。ワインを見ても、そのバローロが新派なのか伝統派なのか疑念に駆られることはなかった。また、ワインのオークがきついか否か、マロラクティック発酵をさせるか否か、濾過してあるか、してないか、等々。いうまでもなく今日、出てくるのがどういうものかを知るすべはない。

あなたがキアンティを頼むとしよう。リストの個々のワインをろくに知らないとしたら、なにをもって見分けをつけたらよいのか。今日のキアンティには、オークがちの新派と、古い大樽で仕込むものとがある。サンジョヴェーゼだけで造ったものもあれば、カベルネで厚みをつけたものもある。事実、もはやキアンティともいえない、かなりはしゃいだ「ファンタジスタ」系ワイン、あるいは「スーパー・タスカン」もある。早い話、途方に暮れる。

ではワインリストが助けてくれるだろうか。そんなことはない。どのリストも百年前と同じやり方でワインを分類して「キアンティ」「トスカーナ」、果ては「イタリア」と一括りにしただけである。これでは意味がない。

もうワインリストの製作者がでてきて——ソムリエであろうとなかろうと結構だ——、現代にふさわしいレストランのワインリストを編み直し、今日のワインに通底する真のつながりを、深い視点から明らかにしてほしい。

ブドウ品種、いや産地でさえ、瓶の中身を解き明かさなくなりつつある。エリオ・アルターレの「ヴィーニャ・アルボリーナ」は、オークが利いて端正な、ほぼタンニン皆無のネッビオーロだが、作風からすれば、通念上のネッビオーロよりも、メルロ主体のボルドーのガレージ系ワインによほど通ずるものがある。ではそれを知る手だてはあるだろうか。

ワインリストは「新しい共通性」ともいうべきものを見せてほしい。ワインを関連《ハイパーリンク》づけて、「このワインが気に入った方はこんなワインも……」という具合に。

一例をお目にかけよう。現代の考え抜かれたワインリストには、こんな分類も考えられる。「高地産、手作り」としたうえで、「年産五千ケース未満。ブドウは標高の相当高いところに育ったため低収量となり、風味が強く爽やかな酸味があります」と書く。

こうしてあらゆる種類のワインは、赤であれ白であれ、それまで紋切り型で何のことか判らなかった「ナパ・ヴァレー」「ピエモンテ」のようにまとめられていたのが、にわかにほんとうの家系で再結成されることになる。

「極端な低収量ワイン」というカテゴリーもあり得る。マヤカマス・ヴィンヤーズの一エーカー当たり一トン〔一ヘクタール当たり十五ヘクトリットル〕のソーヴィニヨン・ブランは、ドメーヌ・ルロワの超低収量ブルゴーニュとよほど共通性があり、単にナパ・ヴァレーとかブルゴーニュなどの生産者と見せかけの縁戚関係をもたせることはない。

現代では、別のやり方で点と点とをつながねばならない。それができるのは、それでお金を払ってもらう人、つまり優れたソムリエだ。彼らのリストが、ずっと昔に開かれたのと同じ古い畝を鋤返しているだけであれば、それはもう役に立たない。

二十一世紀のワインリストを作りあげるときがきている。

（二〇〇二年）

第三章

古酒、収集、その他の酔狂

私のように長年ワインのことを書いていると、古酒を味わった逸話がどっさりあると思われることだろう。おしまいから話せば、これまでに飲んだ古酒は――たいへんな古酒のこともあった――かなりの数にのぼる。そしてほとんどの場合、同じ印象を覚えた。退屈なのである。そうした古酒の多くは、どこからどうみても過去の遺物だった。確かにその稀少性に感じ入ることはあったが（「このワインができた年、リンドバーグがパリに着陸しました」とか）、ひとしきり感嘆すれば、ほかにさしたる見どころもないのが通例だった。

それに、一部の同業者とちがって、私は古酒について書いたり読んだりすることに抵抗を感じていた。古酒が途方もなく高価になっただけでなく、その極端な稀少性は――偽酒でないとしての話だが――あなたもそんなワインを飲んだことがある選ばれたひとりでしょう、と言っているようだからだ。意図していようがいまいが、古酒にまつわるこの手の話には特権のひけらかしが鼻につく。「そして男爵は秘蔵の一九四七年をとりだしてきた……」

私が同業者にこんな話をすると、彼はやんわりと意見してくれた。「でも読者はそんな話にメロメロなんだよ」。それはほんとうだ。ワインにはファンタジーの一面もあるから、ひどく古さびたものが生きながらえているという話ほど人をそそるものはない。『ジュラシック・パーク』のように。

世紀のヴィンテージ、だったそうで

わがワイン人生を通じて、つまり現在も、私が狂おしいほどの愛着を抱いてきたのは「現実世界のもの」というべきワインに対してである。たいていの人に較べれば、私は、ふつうなら夢にしか見られないワインを味わう恩恵に浴してきた。感謝している、ほんとうだ。しかし本心はよそにあった。たとえば、けた外れに気前のよい愛好家から、伝説の一九四五年のブルゴーニュを飲む会に招かれる。十人だけで味わったのは、まずは口取り代わりに一九四五年のクリュッグ。ルロワのコルトン・ブレッサンド、ＤＲＣリシュブール、ジョルジュ・ルミエとコント・ジョルジュ・ド・ヴォギュエのそれぞれミュジニ。そしてロマネ＝コンティ。これら一九四五年のワインの締めくくりに、一九一九年のロマネ＝コンティとヴォギュエのミュジニが出た。

すばらしかったかって？　もちろん。だが私の「今年のワイン」に名を連ねるものはひとつもなかった。

（二〇〇五年）

ついに古酒の真相が

もう私が古酒はよくわかっているだろうに、と思われるかもしれない。私はさまざまな稀少ワインを味わう恩恵に浴してきた者である。恩知らずなことは書きたくない。だが、どうかどなたか、古酒の魅力を私に教えてくれないだろうか。

ここで「古い」というのは比較上の用語である。今も思い出すのだが、ずっと昔の、まだワインの犬ころ同然のころ、ナパ・ヴァレーで、イギリスの高名な評論家を囲む内輪の昼食会に招かれた。私は招待にあずかり得意だった。

昼食会は例のごとく長く、皆酔った。数名だけが屋外で、あのユーカリの香りもかぐわしいカリフォルニアの陽の下で食事をした。料理はすばらしく、ワインは夢のようで、私は満ち足りた気分になった。

ホストは古酒のコレクションを持ち、イギリス人評論家に見せたがった。皆よろめく足で部屋を出て行くと、ひとり私が（いかにもイギリス人らしい）奥さんと残された。彼女は、埃をかぶった瓶なんて、ひんやり湿ったセラーでいやというほど眺めてきたので、もうたくさんである。私はお相手をすることになった。

お相伴しようとして、実際そうしたのだが、いかにせん私は若く、しかもアメリカ人。私などが同席するのは邪魔くさかろうと思ったが、ともあれちょっとお喋りをしてみた。たまたま話題は私が夢中だったソーテルヌになった（彼女は違った）。私はお座りした子犬がしっぽを振るみたいに「でもまだオールドを飲んだことがないんですよ」と言った。

「〝オールド〟ってどういう意味かしら」。面倒そうな声。oldという語が三、四音節にもなるなんてそのとき初めて知った。

「ええっと、あのその」。さっきよりも激しく尻尾を振ってしまう。「たとえば、二十一年みたいな」

「十八、十九のどちら」。どうでもいいという口ぶり。

そうか、古いなんて相対的なものか。それでも古酒なんてものがある。

自己流の古酒の尺度をいえば「どうにも正体がわからなければ、そのワインは古すぎる」となる。ラベルで飲む人をみてみよう。渇仰される古酒がみなラベルをまとっていなかったら、これを崇め奉る人が飲んでも、おそらく「イッてるね、これ」と言うにちがいない。だが、氏素性を聞かされると、古酒はにわかに面白くなる。ディナーの席上で、退屈げな客がじつは大富豪とわかるように。

年を経たワインがほとんど匿名の域に達するには長い歳月を要するが、これはワインによってずいぶん異なる。甘いが強い酸をもつソーテルヌ、ドイツのリースリング、カール・ド・ショーム、ボンヌゾー、ヴーヴレのモエルーといったワインは、二十年を過ぎると、ただ古くはなるが、ほとんど熟成することはない。

いっぽう、多くのピノ・ノワールは二十年ほどで頂点に達するが、それまでに腰砕けになっていないことを要する。

以前、ルイ・ジャドのアンドレ・ガジェが催した午餐会に招ばれたことがある。すばらしい人物のにこやかな歓待ぶり。私はジャドのワインが大好きだから、最高のランチが愉しめたと思った。もうお開きという頃、彼は一九一九年かなにかのボーヌ単名畑の瓶を出してきた。誰もがうっとり恍惚とした。

だが悪いことにガジェは私に向いて「どうだい、マット」と聞いたものだから、私は溜息とともに「いやアンドレ、すごく愉しいです。でも、もしラベルがなかったら、あなたでも中身は判らないいんじゃないですか？　他はさておきブルゴーニュは場所がすべてじゃないですか。どこから生まれたのか判然としなくなったら、ワインが古すぎるってことでしょう」と言った。数年後、ジャドがその最古酒の大々的な試飲会を催したとき、私は招かれなかった。

私は古酒がわからない。最近ラジオ局ＫＣＢＸのセントラルコースト・ワイン・クラシックという行事があり、私は討論会の進行役をしたのだが、このときリッジで長年醸造長をしているポール・ドレーパーから「リッジ・モンテベロ・カベルネ」が何年分も振る舞われ、誰もが試飲した。最も古いものは一九七四年だった。

やはりリッジ・モンテベロ・カベルネは大方のカベルネをはるかにしのいだ。わけても一九七〇年は傑作である。が、一九七四年は枯れかけていると思えた。私がそう言うと、一同が嘘だろうという顔で私を見た。よくある話だ。赤ちゃんと同じで、どんな素顔であろうとみんなすばらしい存在なのだ。

最後にある男性が私の席に歩み寄ってきて、古酒についての真相を話してくれた。「君は判っていないんじゃないか？」。彼が訊ねた。「私を見てくれ。五十五歳だ。最近心臓発作をやってね、死を意識するってやつさ。そんなことがあると、古酒の見え方が変わってくる。古酒に共感を覚えるようになってくるんだよ。ボジョレ・ヌーヴォーに向かっても、頑張れよ！って叫びたくなる。ワインが生きているあいだは、君も生きているんだ」

そういうことだ。「ワインが生きているあいだ、あなたも生きている」。私はとうとう理解できた。

（一九九七年）

ずっと昔、ナパ・ヴァレーでの忘れがたい午餐会を催したのは、故ジョー・ハイツ。古酒を愛する鷹揚な人物であった。その日の賓客はマイケル・ブロードベントと妻ダフネだった。

ワインが別れを告げるとき

なるべくそっと申し上げたいことなのですが、皆さん大変なことになってますよ。もちろん全員が、というわけではない。でも大勢です。何のことだって？　放っておくんですか。信じたくないでしょうが、あなたのワイン、終わってますよ。もうだめになってます。峠を過ぎたとかいうのでなく、六フィート下ってしまった。

うちのワインは違うよ、とおっしゃいますか。まだ妙なる味わいも、たゆたう芳香もそのままで、魅力あふれる歓びに変わりはないと。ばからしい、死んでます。やめときましょうよ。

いやいや、少し大袈裟が過ぎたようだ。だが、まだ重大なことがある。これを放置できない愛好家は現にいくらでもいる。人はみな決して信じようとしないのだが、ひとたびよぼよぼになってしまったワインには、もはや取り柄は残っていないということだ。一例をお目にかけよう。

最近私がある討論会の司会（笑）をしたとき、生産者から一九八六年のサンタバーバラ・カントリーのピノ・ノワールが提供された。さて一九八六年といえばこのワインが抜群でもなかった年だが、もっと言えばサンタバーバラのワイン造りの黎明期だった。ワインの色はほぼ褐色だった。強い劣化臭がグラスからたちのぼる。終わっている。で、私はそう言った。

聴衆に、ほかにこのワインが死んでると思った人はとたずねた。誰ひとり手を挙げない。ほうぼうから非難の声があがり、私はまるで金曜プロレスの「悪役ブルーノ」であった（あれは面白かった）。もちろん私は間違っていたかもしれない。でも巡査、この死体をどうするんですか？　いいや、それは死体じゃないよ、きみ。優雅に朽ちてゆくボディというやつさ、狂おしい香りを放ちながらね。見渡したところ死体だと思った（嗅ぎつけた）のは私ひとりだった。ワインは死んでいたのか？もちろん。だが誰ひとりそう思うまいとしていた。われら心優しきアメリカ人は、造り手の面前でそうは言いたくなかったのだ。ともあれそれが私の主義で、変えるつもりはない。

言うまでもなく、あるワインがもはや息の根が止まっているかどうかは厳密にわかるものではない。よかろう、ワインは死んでいなかったのかもしれない。だがあのピノ・ノワールはへたばっていた。ここで深刻な質問に導かれる。ワインが古すぎることはどうしてわかるのだろうか？

私の回答はいたって単純明快である。そのワインを思い描かなければならないとしたら、今飲んでいるワインは古すぎる。ワインがもたらしてくれるものよりたくさんのものを要求するとしたら、終わっている。そのワインには先がない。

ところで、なお永らえているワインの枯れゆく美しさをいとおしむ、というのはまた別の話である。ピノ・ノワールの屍体愛好家《ネクロフィリア》たちと取っ組み合いをしたあの日のわずか数日後、私はネゴシアン・ルロワの一九六六年モンラシェをマグナム瓶で御馳走になっていた。ばかげたような、気前のよい話だ。その夜は内輪のディナーで、妻によれば私は最高にお行儀よくしていなければならなかった（「後生だから、ワインが死んでるなんて、ぜーったいに言わないでね」）。

ともあれこの三十三歳になるモンラシェが上々であったことは間違いない。まぎれもない古酒だった。そして、そう、十年前に飲みたかった。きっと果実味はもっと精彩があったであろう。しかし、その有無を言わさぬすばらしさに合点するためには、想像力をあれこれ働かせる必要はなかった。味わいうるものは熟成したなりに、すべてがそこにあった。

ワインには演ずる役割がある。いみじくもウッディ・アレンが言ったとおり、「成功の八割は見せた」である。古酒のすばらしさにもこれと通じるところがある。そのほとんどを占めるのは、ワインが元からもっていたものであり、つまり果実味がまだあるかということだ。

冷たいセラー（約十一度）が望ましいのはこういうわけだ。そこではワインの果実味はそっくり保たれる。へたをすれば手遅れのような古酒が、ブルゴーニュの古い石倉、シャンパーニュの石灰岩をくりぬいた壮大な地下蔵、ロワールのトゥファ〔炭酸塩堆積岩〕の洞窟から出てくるとなんとも若々しく新鮮なのは、そういうわけなのだ。

たまたま同じ晩に、その鷹揚なホストが、マルキ・ダンジェルヴィルの一九七八年ヴォルネ・クロ・デ・デュックのマグナムを引っぱりだしてきた。これは壮観だった。一九七八年のこのヴォルネは当初から果実味がぎゅっと詰まっていたが、二十年経った今でも、当時そなえていたすべてをとどめていたかのようだった。飲むほうは想像力の世話を働かせるまでもないどころか、感覚がワインに振り切られそうになる。まるでロシアン・ウルフハウンド〔ボルゾイ〕が飼い主にじゃれながら散歩するように、私の感覚はおいてけぼりにされる。ついて行きようがなかった。

とてもそんな域には及びもつかないような古酒も当然ある。残念だがほとんどの古酒とはそうしたものである。それはかつての姿の影にすぎない。ワインは死ぬ。埋葬して、歩きだすほかない。

ところで、こうした話はすべて人が買ったワインに限ってのことである。もし私自身のワインだとしたら、それは「甘美な追憶」であり、歴史的逸品、畏れぬかづく対象である。いっぽう、きみの悲惨な瓶、そいつはもう死んでいるぜ。

（一九九九年）

古酒の真贋

先週、内輪の集まりで夕食をしたときのこと、ホスト役の輸入業者が一九二八年のシャトー・デミライユを持ってきた。ボルドー三級、マルゴーの産である。こんな「じゃじゃーん」の場面では、その由緒正しさに堅苦しい畏敬の念を表したり、コルクの状態について度を越した詮議をしたりするのがふつうである。

だが、その夜のホストの口上はちがった。「何年も前に買ったものだから、この手のワインに偽造があったとは思えないんだ」。ごく最近まで、よくあるのはオークションでだが、古酒を買う人は皆、ラベルの文字を額面通りに受け取っていた。一九六一年産ラフィット・ロトシルトとあればそのとおりだった。そのワインが思わしくないときは、酒飲みとしての経験不足か、はずれの瓶であったかのいずれかだろうと考えればよかった。

要するにそれはよくあることで、ワインが何十年も高温で保管されていたり、コルクが傷んでいたりすればなおさらである。

ところが今日では、遠まわしに疑念を口にするくらいではだめで、エデンの園の純潔なワインにも、蛇の猜疑心を向けねばならない。問題の根幹はことわざにいうとおり、お金のせいだというにつきる。高名なブドウ園（はあらかたヨーロッパだが）のワインは当節とんでもない値で売れるからだ。たとえばザッキーズ（Zachys）のワインオークションが今月上旬開かれたが、一九四五年のシャトー・ラトゥールは六本七万八二二〇ドル、つまり一本一万三〇三五ドルで売れた。

でもこれは近頃としてはとるに足らない部類だ。先月のサザビーズでは、バロン・フィリップ・ド・ロトシルトの個人セラーからの蔵出しという一九四五年のムートンが、ジェロボアム六本一組で、三一万七〇〇ドルで売れた。一本五万一七八三ドルである。カリフォルニア、イタリア、ローヌを含めて一本数千ドルもするようなワインをあげれば造作もなくページを埋め尽くすことができるが、こうしたワインはつい数年前まで、数百ドルで売られていたものだ。

問題の所在はいうまでもない、価格の暴騰につれて偽造の見返りもはね上がったのである。

確信犯でワインの古酒を偽造するのはたやすい。だいいち最近までそうした瓶を仔細に吟味する人がいなかったから、オークションハウスは自社の鑑定人がワインの外観と出自を慎重に検討したかどうかに関わりなく、出品するワインに真正のお墨付きを与えてきた。オークションハウスには経験豊富な買付人が大勢いるが、それでも美術の世界と同様、ほんとうによくできた贋作は、うっかりすれば人目をかいくぐるものだし、買う人の眼が甘ければなおのことだ。

そもそも人は瓶に入ったワインの何を問題にするのか。私たちは古酒――いや真贋にかけては若い酒でも――に疎い身でありながら、一九六一年のシャトー・ペトリュスと称するものが、いわれるとおり真正なものであると、確信をもって明言できるだろうか。よくできた贋作でペトリュス然とした赤ワインがでっち上げられてしまうと、そこらのウォール街人士はおろか、達人とされる人でもこれは真作らしいと兜を脱ぎかねない。

ワインはいつも偽造につきまとわれてきた。それゆえレストランでは、客の面前で抜栓しコルクをあらためさせる。十九世紀後半になるまで、レストランでは客から遠くでワインを開け、デカンタに移して給仕していた。ラフィットの空瓶にどこかの安酒を詰め替え、本物に仕立てるのは造作もなかったことがわかる。

またワイナリーによっては、瓶一本ずつに針金の網をかけるが、今でもスペインの伝統あるワインの一部にみられるこの習わしのせいで、ラベルを張り替えたりするのはかなり難しくなった。

では一九二八年のシャトー・デミライユはどうだったんだ、とお尋ねだろうか。それは驚くほど若々しい色で、齢《よわい》八十に達するどころか、二十年ほど寝かせた赤というほうがよほど似つかわしかった。一九二八年産は長命で鳴るワインで、デミライユもまた、このヴィンテージの名声を裏付けてくれた。とはいえワインが真正であると確信をもてたのは、鑑識眼のせいというよりも、摑まされる恐れがないという事実に基づいていた。主客が言うにはずっと昔に買った当時、わざわざこのワインの偽物を造る者など到底いそうになかったからである。で、私たちは本物と思うことにした次第だ。

（二〇〇七年）

ワイン収集は当世ならではの現象である。これは単に大量のワインを貯えることとは異なる。ふつうそれを「ワインセラーを作る」という。世界中のワイン愛好家が何世紀も前からやってきたことだ。しかし心理学者が久しく指摘するとおり、「収集（コレクト）」はこれと別物である。そこには神経症の気味（というか本気）がうかがえるし、すでに病みつきの域を超えていたりする。

ただし収集熱は商売の味方だから、オークションハウスや雑誌などが、ワイン収集は賞賛すべき、有益でさえある探究だとさかんに持ち上げるのも当然か。

ワイナリーも潤う。大収集家は、あるワイナリーのきら星のようなワインばかりを揃えて、幾晩にもわたる大盤振舞いを催すことがあるが、そんなときワイナリーは頼まれるままに代表者（と幻のヴィンテージの瓶）を差し向けてくるのが決まりである。

元来、こうしたワイン収集にまつわるビジネスと大規模なヴァーティカル・テイスティング（特定のワインを複数年にわたって味わうこと）は、もっぱらアメリカでばかりおこなわれてきたものだ。その後、世界中に広まって、今日これを行う筆頭格は、ヨーロッパとアジアのこれ見よがしの酒飲みたちである。

ワイン収集熱はとどまるところを知らず、経済成長と宣伝広告がこれに拍車をかける。雑誌やニューズレターは定期的に新しい「カルトワイン」の登場を騒ぎたて、まんまと収集対象に祀りあげる。これをオークションハウスがきれいに掃除してゆくさまは、ゾウが行進したあとを道路清掃してゆくようである。

本物のコレクション、偽物のコレクション

こう書くのはぶしつけだが、しかしコラムニストにはそうするほかないのだが、多くのワインのコレクションはいんちきである。私は大勢のいわゆるコレクターに出会ったし、きっとあなたもそうだろう。さらに言えば、お互い羨望と閉口の念を抱いて引き下がったくちだろう。すばらしいワインがあれほどありながら、真に味到されるワインはいかに少ないことか。

「ガンツ・コレクション」の記事を読みながら、そんなことを考えた。ヴィクターとサリーのガンツ夫妻は生涯かけて芸術を愛した。夫は宝飾店を営み、妻は慈善に時間をささげた。今日の大富豪の尺度からすれば金持ちではないが、お金はあった。だが二人は何よりも現代芸術への情熱と傾倒、そして眼力をもっていた。

二人が五十年かけて集めたコレクションが、去る十一月にオークションに出た。どの新聞も例外なく、五十年間でガンツ夫妻が二百万ドルを費やしたことを報じた。そのコレクションは二億六五〇万ドルで競り落とされた。誰もがここには深い教えがあると思わないだろうか。

誰もがと言ってもガンツ夫妻はちがう。どの記事からも、二人が没頭していたのは芸術であり利益ではなかったことがわかる。確かに二〇〇万ドルの投資が百倍にもなって回収されるのを目にすれば気が遠くなるのも無理はないが、ほんとうの教えはお金が愛《ラヴ》と無関係だということにある。

二人がどうやって、どんなものを買ったのかを見れば明らかだ。確かに彼らはわが国最大のピカソの個人コレクションを集めた。だが二人は「わかりやすい」ピカソには手を出さず、逆に、観る人に

よっては不快になりかねないピカソを買った。

『ニューヨーク・タイムズ』のガンツ評が簡潔に述べている。「同世代の収集家たちと異なり、二人は百科事典的なコレクションを築こうとはしなかった。事実、ありきたりの嗜好の持ち主ではなかったから、売り物になりそうな可愛らしい絵などではなく、難しい、やっかいな作品のほうに惹かれていった……」

さらに、ピカソの値段が上がって手に余るようになると、夫妻の強い興味と眼力は別の方角に向いた。彼らが買う作品はほぼあやまたず、どれもやがて時流を超え、新たな美を教えた。『タイムズ』はこう書く。「二人の眼力は確かだった。ほんとうにいい作品ばかりを選りぬく、不思議な才能があった」

はっきりしているのは、ガンツ夫妻は美術を美術として愛したということだ。たとえば一九六〇年代後半、ヴィクター・ガンツは当時無名の彫刻家エヴァ・ヘスに注目した。彼女の作品を目にしたのは、名の通ったギャラリーに居並ぶ著名画家の高額作品を眺めたあとだった。『タイムズ』の記事によるとガンツはこれを「大金持ちのコレクターがひしめいてお喋りに興じる、壮大なカクテルパーティーみたいなもの」と評したそうだ。身近に感じるだろうか。

ともあれガンツは足の向きを変えて地味なギャラリーに入り、ヘスのかなり風変わりな彫刻の初めての個展をのぞいた。強烈に引き込まれるものを感じ、三点買った。息子のトニー・ガンツのみるところはこうだ。「ヘスを見いだしたときの父は若者ではなく、作品は手ごわいものでしたが、父はひるみませんでした。みんな父が正気じゃないと考えましたよ、学芸員もね。彼らには判らなかったたんです」

これを今日のワイン収集になぞらえると、かなり判りやすくなると思う。オークションに出る有名どころの値段を見ればいい。いまボルドーの一級ワインはどれでもリリース時に三万ケース以上出てくるが、ほんとうにワインを知り、愛する人は、そうしたワインが今日ほしいままにしている価格の一片の価値でもあると信じているだろうか。ヴィクター・ガンツがワインを愛していたら買うだろうか。そうは思わない。多くを知りすぎているからだ。

この時代、みごとなワインはいくらでもある。それでも、ほんのひと握りのワインが空前の高値をつける空前のから騒ぎに圧倒されて、知るよしもない。そんな高価なワインはそんなに立派なのだろうか。なかにはそう言えるものもある。では、今日拡大してやまない美酒の地平を代表するワインと言えるだろうか。それは無理だ。

ほんとうの収集とは、ワインであれ美術であれ、深く知ることに尽きる、ということがわかるだろう。それは逆張り投資や、安売り品漁りでもない。ほんとうの収集家とは、愛しつつ投資する人だ。それを通人《コニサー》といってもよい。彼らの味覚が確かなのは、ブラインドであやまたずワインを言い当てられるからではなく、捜し求める美が、ラベルとは別のところにあるからだ。

結局のところ、ガンツ夫妻が堂々と明言するように、お金の問題ではない。

（一九九八年）

第四章　ワインと女（男もね）

男と女のことをジャーナリズム調に一般化してしまうと、あらぬ緊張を招いたり、誤解される可能性があり、これがなによりも恐ろしい。ジャーナリズムでなにかと物議をかもす問題だ（繰り返すのをお許し願いたいが、男が女のことを一般化した書き方をすると、あらぬ緊張を招いたり、誤解される可能性があり、これがなによりも恐ろしい）。ワインに夢中になるのは圧倒的に男性のほうだ。しかも白人。しかも中上流層。ワインの収集に至っては、制限だらけのカントリークラブさえ格差是正措置のお手本に見える。いうまでもなく女性やマイノリティの参加を妨げるものはなにもないけれど、まずそういうことはない。（白人の）男のやることだ。

私はこの現象を完璧に説明して見せようなどとは夢にも思わないが、歴史からいくつかの理由を知ることはできる。すなわち、女は台所におり、男はワインの雑役夫として、樽で自宅のセラーに買い込んだワインを瓶詰めしていた。これは二十世紀初頭までヨーロッパではありふれた習慣であった。加えて、男のほうが女よりも酔っぱらうのが通例である。金持ちの男は、男しか入れぬクラブで、高級ワインのたしなみを深めていった。

とはいえ、今は昔の話をしても、今日の男がワインに夢中であることの説明にはならない。大勢というより、たいていの女は、ワインが好きである。だが、息せき切ってワインを追いまわしたり、目をむくような大金を進んで投じたりするのは、女の役回りではないようだ。でも考えてみると、男はハンドバッグや靴にばかげた大金を使わないから、結局おあいこではないかと思う。

女性のほうが確かな味覚

女のほうが男よりもワインの試飲能力がすぐれているだろうか。私のワイン教室での経験からいえば、「声を大にして、イエス」である。母の日も近いことだし、女性が優秀なワインテイスターであることを記すのにいい機会である。私は、総じてお母さんたちが試飲において格別な天禀をもつとは言いきれない。だが、女性は、となれば確かにそう言える。二十年ワインを教えてきたことを通じて知っているのである。

しかしワインライターの言うことなどあてにならぬとお考えの方――健全な姿勢だ――のために、科学は女性の味覚がすぐれていることを挙証している。たとえばペンシルヴァニア大学の味覚嗅覚臨床研究センターは、五歳から九十九歳までの一九五五人を対象として、匂いの識別実験をおこなった。注目されるのは、この研究によって、どの世代においても女性のほうが男性よりも鋭敏で、すぐれていたことだ。

さらに、私たちの味覚はかならずしも生まれつき平等にできてはいないことも明らかにされた――ただし味蕾にかぎっていえば。イェール大学医学大学院教授のリンダ・バルトシャクは、人は三グループに分けられるという。味がわからない人、普通の味覚の持ち主、とびぬけた味覚の持ち主。とびぬけた味覚の持ち主は普通の人よりも味蕾が多く、味のわからない人に比べ、平方センチメートルあたりの味蕾数は百倍も多い。これは遺伝によるものにほかならない。このように生れつく人々はおおよそ四分の一である。もう四分の一は味がわからない人、あとの二分の一が普通の味覚の持ち主。バルトシャクによれば、概して女性は男性よりも味蕾を多く持つ。そしてとどめのひと言として、とびぬけた味覚の持ち主の三分の二は女性だという。

だが、ワインの試飲が味蕾だけではすまないことは誰でも知っている。音楽を鑑賞するのにオーディオ狂のいう「黄金の耳」だけでは無理なのと同じ道理だ。私に言わせてもらえば、女性が男よりもすぐれた試飲能力を持っているのは、早くから、長い人生をかけて、ニュアンスとかかわり合う修練を積んできているからだと思う。つまるところ、すぐれたワインとは、ニュアンスの集合体にほかならない。男たちは、グラスの中にニュアンスをさがすだけでは気が済まず、ニュアンスとはなにかということさえ必死に捉えようとしてきた。

着るものを例にとろう。一日のなかで男は、シャツに合わせるネクタイを選ぶときに、一番重い美的決断を迫られる。そしてたいていの男は、ひとたび特定のシャツとネクタイの組み合わせを決めたら、さっさと決まり事にしてしまい、容易にそれを変えようとしない。いっぽう女は、毎朝、ただ服を着て外出するだけで、外観から着心地、手触り、香りといった空恐ろしいほどの美的決断の連続にかかりきりになる。ニュアンスの訓練が日課になっているのである。

男は、ものごとを単純にしてゆき、ほとんど忘れ去るばかりになる。（男性の）ファッションライターがちょっと前に書いていたが、少年は父親からネクタイの結び方とか髪の分け方をひとつしか教わらない。やがて彼らは他の結び方も分け方も知らずに残りの人生を送る。どれだけ自分の髪が残っているかも気にかけず。こんな連中が鋭敏なワインテイスターになる見込みがあるだろうか。

理想のワイン教室の生徒は、女性弁護士だろう。なぜかって？　まず、女性だというだけですでに優位にある。そして弁護士であるからには分析的思考と明晰な自己表現に習熟している。これに対し、悪夢の教室は、何といっても男性エンジニアである。彼らは、気がすむまで究明できないとか、全観察者に立証できないものが存在する、という考えが我慢ならないようだ。ニュアンスは彼らの頭をおかしくする。

現実には、すぐれた男性テイスターを私はいくらでも知っている。ただし、それはワインに尋常でない努力を注いだからで、そうでない人にはまずお目にかかったことがない。だとしても、もしもワインへの造詣を深めようとしたら、その道の精進を要することに男女の別はない。バスケットボール、編み物、自動車修理などと同じく、場数をふみ、チャンスをつかみ、練習を重ね、興味を研ぎ澄ますことが欠かせない。だが男は女と違って、まず最初に、すぐれたワインのニュアンスを捉えようとして必死になる。最終的に二つのグループの能力は同じになる。ただ、初期の利点は女性のほうにあるということだ。

（一九九五年）

男と女がいればこそ

今年も母の日が近づいてくると、女性の利き酒能力が優れていることを肝に銘じる、いや祝福するのによい機会だと思う。確信をもって強調したいのだが、女性は男性よりもすぐれたテイスターである。付言すると、母親とそうでない女性とのあいだに、この能力の違いはまったく認めることができない。

　すると今度は父の日を控えるジレンマに直面する。何と言おうか。せめてこうは言える。お母さんと同じことで、ワインの利き酒能力において、お父さんとそうでない男とのあいだに、いかなる違いも認めることができない。全男性はおしなべて、全女性に比べると、ワインの試飲能力がいささか劣る。

　これは失礼、それこそ家庭の事情にほかなりませんな。こう言ってしまった以上、男性を擁護するために立ち上がる必要を感じる。男たちに生得の能力が欠けるとしても、そこは熱意で埋め合わせればよい。これには一部の人は、男女とも、いささか奇異の念に打たれるかもしれない。熱意というか情感は、ふつう女性の領域とされているから。

　ワインに我を忘れてしまった女性に、私はめったにお目にかからない。すごく楽しんでいる人には出会う。味覚も鋭い。明晰にワインを語る。だがワインへの情熱という点でいえば、女は男にかなわない。人によっては、高級ワインに夢中の男は、そう、見苦しい。厄介きわまりない。病気。スノッブ丸出しで鼻につくやつもざらにいる。

　そんな男を私は、あまりに大勢知っている。彼らもはじめは初々しかった。ただ、ものがワインとなると、男はつらい。作り話にでてくる洒脱な男どもがワインリストを命ずるくだりを思い浮かべてみればいい。華麗で、自信に満ち、これ見よがしなこと、まるで強靭なスポーツカーである。

　どういうわけか、ワインと男らしさとは絡まりあっている。酔っ払うことと男らしさとのややこしい関係はかなりひどいものだった。だが、ワインについて「知る」となると、最悪だった。要はつい最近まで、銘酒のことを知るとは、フランスを知ること、あるいはせめてそのふりをすることを意味した。さらにヴィンテージのことも知らなければならない。そしてどのワインがどの料理に合うとされているかも。ジェームズ・ボンドを別としたら、いったい誰がそんなことを知っているだろうか。

行き着くところは予想がつく。もったいぶることが知識にとって代わった。今もそうだ。だが、知識を獲得しようとする衝動は今なお残る。ここに妙なことがある。ワイン通気取りでぬかるんだ道を歩くうち、正真正銘のワインの美に目覚めた男は数知れないということだ。そうなるともう単なる見栄の張り合いだけでワインを追いかけはしない。いいワインの真の美しさに虜となる。

残念ながらこうした男のなかには、さらに悪く、つまり高尚気どりがひどくなる人もいる。よけい鼻持ちならない。彼らは些事をあげつらい、恩着せがましく、退屈しきった輩になる。そこには希望も救いもない。

しかし多くの、いや大多数の男たちは、すっかり豹変する。彼らはワインのためにワインを愛しはじめる。感じた美を人と分かち合いたくなる。心根がひろくなるから、あたらワインを退蔵したり、田舎のワインバーでグランクリュを釣り上げて粋がるようなこともない。いかにも彼らの買物ぶりは貪欲そのものだし、読み漁るワインのカタログは数えきれない。そしてワインの記事も読む（意見が違うのが無上の喜びとばかりに）。だが、いつも家に帰ってくる。新着の宝物への期待で顔を輝かせ、一緒に楽しむのを待ちきれずに――それは誰と？

内気で、人の集まる場ではいつも蚊の鳴くような声だった男も、この道楽のせいで愉しく、魅力のある人物になることがある。日頃むずかしそうな顔をした堅くるしい奴が、話がワインのことになると穏やかな微笑みを浮かべる。

ちょっと忘れられないのだが、筋金入りのけちんぼが、いいワインが買えるチャンスとみるや、鷹揚で気前のいい人に豹変するのを見たこともある。それは女よりも男を変えることのほうが多い。いいワインは男のどこかをとろけさせる。

そこで今年の父の日、ワイン道楽の男をみかけたら、特に女性にお願いしたいのだが、どうか希望をかけてやってほしい。確かに人によってはワインのせいで感心しないありさまになってもいよう。足腰立たなくなったあとでも競技スポーツのようにワインにふける男は数知れない。でも、そう描写するほかない連中がいるとしても、その五倍はワインのおかげで変身を遂げた男がいる。

いいワインが世界の問題を解決する答えだなどと言いたいのではない。だが、それはずっと文明的なところへ人を連れていってくれることもまちがいない、まあ、ボクシング道楽よりは……。


（一九九五年）

ワイン、隠してませんか

はいはい、皆さんやってるんでしょう？　で、ほっほう、奥さんは知らない。ほんとに？　でもね、ビルのこと覚えてるでしょう、彼がどんな目にあったか〔ビル・クリントン元大統領のスキャンダル〕。白状したほうがいいですよ、奥さんがこの記事を読む前に。

何のことを書いているのか、もうお判りだろう。あなたが秘かに預けているワインのことさ。あのひんやりしたすてきな場所って、愛人みたいにお金がかかりますな。いやほんとう、愛人と変わらない。お金がかかるのも一緒だし、頭はそのことで一杯になるし、日常的なことでもずっと神経をすり減らすし。しかも勘定は安くない。明細が自宅の住所に送ってこられるのだけはお断りだ。

銘酒の世界における公然の秘密は、どれほど大勢の男たちが内緒でワインを預けているかということだ。「ええ、間違いなく大勢いらっしゃいますね」。ニューヨークの酒販大手「モレル&カンパニー」のピーター・モレルは請け合う。「相当な数の男性が、こっそりとワイン道楽をしてますね。かならず男性です。おっしゃるとおり、ちょっと秘密です」

西海岸カリフォルニアのエメリーヴィルのジョン・フォックスは、ベイエリアの大手酒販店「プルミエクリュ」の共同経営者である。彼によればもう珍しくない慣行だという。「ワインや請求書を自宅に送っちゃいけないって方は、うちのお客にも大勢いるよ」

では女性でこっそりワインを預けている人はいるだろうか。「皆無だね」。フォックスは言う。「そんな女性に会ったためしがないな」

真相は、恐るべき数のワイン好きの既婚男性が、自宅にセラーがありながら、どこか他に秘密の預け先があるということだ。なぜか。簡単なこと、自分がどれだけワインに金を使っているかを妻に知られたくないからだ。「奥さんは一本に五十ドル、一〇〇ドルと使っていることを知らないでしょう。ワインは八ドルとか十ドルのものだと思っているんです」

面白いことに、そんなワイン道楽はちっとも隠しだてされていない。正反対である。きっと、だまされた妻たちの多くは、亭主のワイン好きを大目にみているのだろう。なのに男たちは姑息な立ち回りをやめない。

私の友人はおそらくワインに深入りしすぎた、よくいる男のひとりで、相当な金持ちである。家にはどでかいセラーがある。奥さんはすべてご承知だ。それでも彼はこっそりワインを別のところに預けつづける。その理由を聞くと、「ああ、かみさんは俺がワインに金を使いすぎだと思っているよ。たぶんそのとおりだな」と認めた。

で、どうしてそれをつづけるのか。それは自分を抑えられないからだ。「新着案内が来るだろう、すぐ売り切れてしまうやつとか、前にすごくうまかったやつとかがあると、つい買っちゃうのさ。当然だろう、買えるんだし」。弁明のように言い足す。

私は彼の妻とも知り合いだが、彼女はそんなこと痛くもかゆくもないという人である。だが、そんな大金がぜんぶ高級ワインに化けたりしていなければ、ほかに何かできたんじゃないの、と深く怪しんでいる。もっともである。

オレゴン州ポートランドで「ライナー&エルセン・リミテッド」を営むボブ・ライナーは、店舗で個人預かりもおこなう酒商である。「ほんとうの秘密は男がワインを預けていることじゃなくて、そこに何があるかです。ケース数や代金の総額なんて奥さんは知るよしもないでしょう。そこが秘密なんです」そして付言した。「お預かりセラーは、男性がワインをどっさり買って家にちびちび持ち帰るための方便ですね。こうすれば現実にどれだけ買っているか知られずにすみます」

アメリカ全土で男たちは高額ワインをせっせとため込んでいる。彼らがわが家で一本また一本と愉しむとき、きっと隣町の金のかかる倉庫には、一ケースまた一ケースとワインが預けられているのである。

そして妻たちは妻たちで、夫のワイン道楽を寛大に辛抱しているつもりだが、現実にはけしかけているので、こうしてひとりまたひとりと、自分が文字どおり半分しか知らないことに愕然とする妻があらわれる。

当然、これらはすべて離婚手続きでも表沙汰になる。亭主が一九八二年の格付けボルドーをどれだけ大量に抱えているかを聞かされたら、そして値段の高騰ぶりを知ったら、すっかり毒気を抜かれてしまうことだろう。

ついでに言えば、これがワイン道楽の皮肉の最たるものである。こうして隠し立てされるワインの多くは、もっとも見せびらかしたいワインなのだから。つまるところ男たちはボジョレを自宅に持ち帰ることは恐れていない。男たちが妻をなだめすかしたりするのは、それが大枚はたいた瓶だからである。

月刊誌『レディース・ホーム・ジャーナル』の相談室に質問が来るだろう、結婚をつづけるべきでしょうか？ と。

栓抜きだけが解決するでしょう。

（一九九八年）

第五章　心に浮かぶよしなしごと

優れたワインには、しかるべき場所で生まれたという味わいがする。凡庸なワインは、どこででもできるような味がする。両者を置き換えることはできない。「その場所らしさを感得する」とは非科学的かもしれないが、信ずるに足ることだ。

＊

ブラインドテイスティングはラベルや値札も隠すが、これを擁護するのは、人間の弱さを信じて疑わない人だ。彼らに言わせれば、ラベルが目をかすめただけで飲む人は誘惑に屈し、心ならずも判断力、意志力、解答力を失ってしまうのだという。だが、ラベルが見えるからこそ、当て推量によるのでなく、こうだと知るところにもとづいて、ワインを評価することができるのだ。

＊

ドン・ペリニョン・エノテークを飲むのに、ゲオルグ・リーデルは、その「ソムリエシリーズ」のブルゴーニュグラスに注いだ。縁いっぱいまで一〇五〇ミリリットルもはいる（ワインの普通瓶は七五〇ミリリットル）。グラスがあまり大きくて、空中権を売り出せそうなほどである。

けど、シャンパーニュに？　泡はどうなる。

「泡なんかどうでもいいんだ。ワインを味わうんだから」これが彼の答えだ。

彼は正しかった。ゲオルグが惹かれていたのは深遠なピノ・ノワールらしいところで、大杯はこれを強調してくれた。これはワインであって、「泡もの《フィズ》」などではない。眼から鱗が落ちた。

＊

あまり気づかれていないが、ワイン好きが同時にオーディオ愛好家（オーディオフィル）ということがままある（私はオーディオフィルという言葉は平気だが、オノフィル（oenophile）という言葉は鼻について堪えがたい）。言葉を換えれば、ワインきちがいの多くはステレオきちがいでもある。

両者の共通項は何か。おそらくヘンリー・ジェイムズの言う「くたくたになるまで対象を識別したがる欲求」というやつだろう。ワイン愛好家とオーディオ愛好とでは別物だが。

どちらも尋常なレベルであれば、両方の愛好家同士が友達になるという手がある。これでジェイムズ流の消耗をかなり軽減できるが、利点もなくはない。自分自身は変人にならずとも、間断なくワインの助言に浴しつづけることができるからだ。しかし欠点もある。きちがいになると何ひとつ、漠然と判るようにさえ、教えてもらえないからだ。そこでこう言える。ことオーディオ部品とドメーヌ物のブルゴーニュでは、その名をよく耳にするようになった時点で、それはもうよくない。

＊

今日のワイン造りの急所を要約すれば、「オリジナリティ」という言葉になろう。デジタル時代が複製を容易にしたのと同じように、現代のワイン製造技術にも同様の側面がある。いま生産者は、世界中の偉大なワインについて、その存在感までは無理としても、作風を容易にコピーすることができる。

これは物事の闇の一面に見えるが、現実にはちっとも悪いことではない。複製化のおかげで、日用品のような並酒は品質が全面的に向上した。日常酒はかつてより新鮮味があり、輪郭もよく、おいしくなった。美点を注視し、複製していく様子は、まるで人が社交的な物腰を身につけてゆくようである。

ただし高価なワインは割を食う。強気の値段をつけるワインが増えすぎて、スタイルと内実とを混同しているさまを見ると、一九四六年の映画『大いなる遺産』〔C・ディケンズ原作〕でのピップの台詞を思い出す。「私は紳士になろうとしてきたが、どうにか俗物になれただけだと思い知ったよ」

*

はるか遠い子供の頃、人類は二種類、つまりメッツを応援する人とヤンキースを支持する人とに分類できた。エド・クレインプールとかマーヴ・スロンベリーあたりにメッツが手を差しのべていた頃だから、とてもグランクリュの野球とはいえない〔両選手が在籍した当時の一九六二年、メッツはシーズン一二〇敗の記録を残した〕。

ヤンキースはもちろん成功の象徴だった。私はいつもヤンキースのファンのことを、若い共和党員を怪しむように、いぶかしく思っていた。指揮者のサー・ジョン・バルビローリは若く激越なチェリスト、ジャクリーヌ・デュプレを擁護して「若い真っ盛りに過剰でなかったら、成熟していく長い道のり、どの角を削り落としていったらいいのかね？」と言った。

今でも金ぴかのヤンキースを応援するのと変わらぬようなワインをいぶかしく思う。同業者は何百ドルもするナパ・ヴァレーのカベルネを語ったり、ボルドー一級を賞揚したりするが。そんなワインがいいのか、いや特別すばらしいのか。確かにそうだ。大商いだ。では、やりがいは何だ？　やる気はどこにある？　まるでゼネラル・エレクトリックのファンだというようなものだ。

*

クリスマスなどの休暇の季節、歓呼があふれ、大盤振る舞いに興じるのはよくわかるが、ひとつどうしてもお伝えしておきたいことがある。友人たちは愉しげに、いや嬉々として、あなたの高価なワインを飲み干すだろう。良心の呵責もなく、息を継ぐ間もなく。事実、まるで公共福祉とでも思っているのか、大路を棒きれで鳴らしながら練り歩くように、「ワインを空けろ！」と叫びたてる。

あなたが好きにさせたら、セラーは略奪されるだろう。有名な話だが、イギリスのワインライターがボルドーの名門シャトーを訪ねたとき、昼食にどれを飲みたいかと聞かれ、「じゃあ、まだ一八九九年を飲んだことがないので」とせがんだところ、この手の客に慣れた主人はにべもなく「それはお昼のワインじゃないですねえ」と応えた。

要するに、休暇性の誇示願望で正気を失わないでほしいと言いたいのだ。さもないと、慈しみ、大切に寝かせてきた秘蔵ワインは、重大事件の重要証言者のように隔離されていても、そのへんの味つきワインみたいに飲み干され、愛好家は自責の念に駆られるばかりだから。

＊

シャンパーニュは「ほんとうのワイン」ではない。クリントン〔元〕大統領がほんとうのサックス奏者でないのと同じである。どちらも大したものだが、その現実の目標は、利益性のもので、別のところにある。シャンパーニュであれば大金を、それもあなたのをだ。売値がひと瓶二百ドルから六百ドルもするような、まばゆい超高級シャンパーニュは、お仕着せの従僕が膨らませたタイヤなら車の乗り心地が良くなると思っている人向けに造られる。

＊

前下院議長トーマス・P・〝ティップ〟オニールの有名な言葉、「すべての政治は地方政治である」。彼の弁舌の才をワインに使うのは申し訳ないが、オニールならきっと「すべての銘酒は地酒である」と言っただろう。

これを銘酒の密かな真実と呼んでもいいかもしれない。つまり、鈍行だけがそこに連れて行ってくれるのであり、特急は当て所ないワインへの早道にすぎない。

今日、営業上の手法はこぞって、違う考えかたに仕向けようとしている。それは真っ赤な嘘なのだが、その言によれば、何でもすべて手に入るのだという。いわく、熟練技の味わいが数量制限なしに買えます、割り当てをお見逃しなく。そんなワインはずっしりと重い瓶に入り、オークにまみれ、テフロン加工のようにつるりとした舌触りで、本物を囮にしたような手口は、まるで無垢材の鏡板をまねて作られる安物の合成パネルのようだ。

*

数十年前、ワインについて書き始めたころ、誰ひとりとして職業特有の落とし穴を注意してくれる人はいなかった。これまでみたいに簡単にワインに惚れ込むんじゃないよ、と。

ワイン遍歴のはじめ、誰しも——すべての熱烈な愛好家も一緒だ。ただしプロの物書きはちがうが——幼な恋としか名づけようのない感情に囚われる。初めてのラ・ターシュは忘れられるものではない。初めてのドイツの偉大なリースリングも。ボルドーやカリフォルニアのカベルネで眼から鱗が落ちることもある。アイラ・ガーシュウインではないが、歓喜にうたれて自分を抱きしめ、どれだけこうしていただろう、なんて思う。答えは言うまでもない、きみよりも全然長いよ。

本や音楽を愛する人が、そうした遍歴のなかで幸せな発見をするように、あなたも文化を〔文字どおり〕深く味わう〔文化（culture）には耕作の意もある〕。リースリングを、ピノ・ノワールを、カベルネを、熱愛するようになる。あるワインや生産地に添い遂げるぞと宣言するものの、やっぱり別の産地や造り手に浮気したりする。

熱意である以上、冷めてゆくのは避けられない。これには何年も、いや何十年もかかる。どれも飲んだし、好きだったけどね、というやつだ。でも、そのせいで切羽詰まったり、倦怠の餌食になってしまうほどではない。それはむしろ、経験の対価だ。職業上の岐路、いや人生の岐路かもしれない。こうなってようやく、いちいち惚れ込まずにいられるようになる——ワインにも。やれやれどうにも負担が大きすぎる。

＊

ワインの記事は人の不安に乗じて盛んになる。たとえば評点。まるでへたな「ボルシチ・ベルト」芝居みたいだ〔ボルシチ・ベルトはニューヨーク北部キャッツキル山地にあったユダヤ人の保養地。そこで演じられた田舎芝居のこと〕。八九点と九〇点のワインにどんな違いがあるというのか。では、あなたは何点つける?。

八十九点のワインと九十点のワインとのあいだにどんな違いがあるだろう。明らかに何もない。それはまるで、今宵は満月、昨夜はほんの少し欠けていた、と違いを詮議するようなものだ。そのぶん月光が乏しいというのか。それでも世間では八九点と九十点とのあいだには厳然たる違いがある。九十点は推奨銘柄、八十九点は曖昧話法のようだ。

＊

自分の職業人生をふりかえると、私はワインを愛するという執着心に葛藤を覚え、それをいささか恥じる気持ちもあった。正直になろう。ワインへの愛着はいわゆる一途な気持ちというやつになりがちである。

　ワインには何かしら、強欲、貪欲、貪婪といった罪業に人を駆り立てるものがあるが、同時に、理想化された美をあらわす、手の込んだ粋狂な人生へと人を誘《いざな》うところがある。ワインもオーディオの装備と同じで、一種の完璧主義に向かうところがある。このピノ・ノワールが一エーカーで二トンの収量なら、摘果して収量を半分に落とせばどれほどうまくなるだろう、というように。

　こうして歓喜にみちた狂気に向かって、いとも愉しげに、まっしぐらに落ちてゆく。実現の夢に刺し貫かれた身は、エイハブ船長〔H・メルヴィルの小説『白鯨』の登場人物〕さながら、こっちの新作、あっちの新作と、完璧なワインを求めて前進をやめない。

白状すれば私も、ワインへの妄執という引き潮のような力で引っぱられるのをいつも感じる。それでも仕事という隠れみのを着ているから、最新のニューズレターや新着案内をうっとりと眺め回したとしても、それは調査研究である。しかし、ワインに夢中なぐらいの医者や株式仲買人がそれをやっていたら、ほとんど妄執の世界である。

＊

　ビオディナミは新しい「コーシャ」である〔コーシャとはユダヤ教の教義に基づく処理をおこなった食料品、もしくはその認証のこと〕。現実のコーシャ認証ワインは製法を理由に味の優越を謳ったりしないが、ビオディナミのワインに魅了された愛好家軍団は、その手法とその帰結たるワインが優れていると申し立てる。たとえばイギリスの評論家ジャンシス・ロビンソンは、ビオディナミのワインを「より野生的で、きつさを感じる」と書く。

それればかりか、ラビ同然の律法学者もいる。デメテール（Demeter）という組織があり――アメリカ支部はオレゴン州フィロマスにある――民間認証機関として、正統なビオディナミの諸規定と実践法を公布している。

私のみるところ、ビオディナミの手法は修業法の一形態であり、実効のあるものもあろうが、一部の遵守規定は、ブドウの樹とワインにとって実利があるというより、信奉者を情緒的・心理的に支え、励ますものかもしれない。

大切なのは、ビオディナミ農法を実践することで、ブドウの樹とワインにたいして、前向きに極度の注意を払うようになることだ。自動車レースの運転のように、一瞬でもコースから目をそらせば――この場合はかけがえのないブドウ畑だ――ただちに惨事となりかねない。耕作人に聞いてみればわかる。注意を怠らぬことはいつも良いことだ。

ではビオディナミのワインは現実に優れているだろうか。ここでもまた、因果関係は明確にしがたい。明らかなのは、ビオディナミの実践者が日々の営みをつうじてブドウ畑の収量を低くすると考えられ（利点）、醸造の場では細微を尽くした手法をおこない（利点）、従来の商慣習に染まらぬワインを指向する（同上）、といったことだ。

まとめ：ビオディナミを謳ったワインを目にすると、私はつい耳をそばだて、ついでに味覚もひきしめる。ともあれ私に言えるのは、強いこだわりのある栽培農家が、しばしば個性あふれる興味深いワインを造っていること、そして深遠なワインが生まれることもある、ということだ。

＊

今日のワイン新参者たちは、偉大なワインがあるのではなく、あるのは偉大な造り手とヴィンテージだと思い込まされている。感嘆の念は消え、重要なのは造り手とヴィンテージだと皆が考えているが、ワインの偉大さは現実には土地自体から引きだされるものだ。

確かにブドウ畑は世話を要するけれど、ブルゴーニュやモーゼル＝ザール＝ルワーのような場所では何百年間も中断されずに同じ場所で同一のブドウ品種が耕作されてきたことを思うと、あたかもサンゴ礁のように、ブドウ畑も生命体といってよい。

現代の合理性と消費者重視の風潮のせいで、こうしたブドウ畑という古来の「生き物」が私たちの心に植え付けてきたはずの畏敬の念は、すっかり薄れてしまった。造り手が重要なのはいうまでもない。偉大なブドウ畑から、ワインが勝手に生まれたりはしないのだから。だが、筋が通らないと思われるかもしれないが、その逆もまた成り立つ。つまり、造り手もまた実はワインを造りあげることはできないのである。彼らは大地からワインをせびりとり、撫でさすって生かしてやるだけだ。

今日の初心者には、最近あまり手に入りにくくなった、あるものが必要だろう。それは名酒というものに驚き、感じ入る気持ちである。立地の魔法なんてないというのか。ならば、偉大なワインはいったいどこから生まれるのか教えてほしい。

すばらしいワインに感嘆することは、いたずらに美化することではない。そのほんとうの意味を摑みとることだ。名酒とは、鳥のさえずりのように、根柢は野生のものである。

第六章　フランスを愛す——ただし、ボルドーには醒めた眼で

世界中のワイン好きと変わらず、私がワインの虜になったのはフランスのおかげである。ただし私の場合、ワインだけにとどまらなかった。初めて訪れたフランスで自転車旅行をし、風景の美しさに心を奪われた。そして、フランス人の折り目正しい行儀よさのなかに温もりがあることに。妻と私はフランスをくまなく自転車で旅し、行く先々でさらにいやというほど歩き回った。パリでも短期間暮らした。そしてフランスで結婚した。

　確かにフランス人はときに堅苦しく、また手前味噌が目にあまる。いらいらさせられることもある。だが、鼻持ちならない国粋主義の下に彼らは偉大な真実を蔵し、その最たるものがワインだった。単にワインが好きだったからではなく、もっと内奥深くからの欲求によって、私はフランスに思慕をよせ、傾倒した。このあたりの気持ちをかなりよく伝えるのが、後掲の「フランスかぶれよ永遠に」の記事である。

　ふりかえってみると自分がフランスについて書いた記事は、奇妙なことにたいてい批判的なものだ。手っとり早く、私はフランスそのものを非難していた。結局私が教わったのは、フランス人の論説はいつも決まって小うるさいということだった。フランスという国では、最高の褒め言葉でさえ、（ただしえもいわれぬ心のこもった感じで）「悪くない《パ・マル》ね」としか言わないのだから。

フランスかぶれよ、永遠なれ

やあ、マットといいます。フランスかぶれです。

私がこの集まりに顔を出したのは、ちょっとまた落ち込んでいるからです。そんな風になったのは、ミシュラン・ガイドの『サンフランシスコ・ベイエリア&ワイン産地　二〇〇七年版』が出てからです。これが私に良くないんだとはわかってますし、だからここに来たんですが。

私は生まれついてこうなんでしょう。家族は他に誰もフランスかぶれになりませんでした。皆そろってブルックリン生まれです。父はニューヨーク・タイムズの印刷工でした。家族がかかるとしても、周期的にニューヨークかぶれになるくらい。でも私だけ違ったんです。初めて映画で『サブリナ』を観たとき、きっとそうだと思ったんです。

あの映画を覚えてますか？　オードリー・ヘプバーンは運転手の娘役で、ロングアイランドのゴールド・コーストにある豪邸に住み込んでいた。プレイボーイのどら息子を遠くから夢見心地に眺めているのだが、父はその一家のために働いていて。

あるとき彼女はパリに出され、定番の料理学校コルドン・ブルーに入れられる。だが、そこでは無論スフレの作りかただけを教わったのではない。彼女は、ロングアイランドを出たときは女中だったのが、戻ってきたときは、誰だか見分けがつかないほど、パリ仕立ての高雅な装いでシックに輝いていたのです。私はオードリー・ヘプバーンに自己投影しました（少年期の性不同一性というのなら、私はまだそのままです）。

そのとき以来、私は自分がフランスかぶれになったと思っています。フランスは救い出してくれる。運転手の娘(とか印刷工の息子)を、何やら洗練《ラフィネ》させてくれるのだから。

でも、ともあれ自分が初めてフランスに行ったときは、そんなのんきなことは感じていられなかった。フランスの風景美に心を奪われたせいもある。しかし何よりも「形《フォルム》」のやかましさ。フランスは全ての物事が「きまって」いて、きちんとして《ソワニエ》、丁度いい《ア・ポワン》。「形」は不可欠で、それこそが完全な美に至るすべなのだから。

「形」には物事を正しく行うすべも含まれる(思えば『サブリナ』で、彼女は正しい卵の割り方を教わっていた)。何かをするとき、処方どおりにやらないと、結果も当然思わしくない。フランス人はきっと、いやかならずこう言うはずだ。セ・テヴィダン(c'est évident.)「自明のことだ」と。

フランスの美というものの多くに共通することだが、どれもおそろしく考え抜かれていて、これでもかというほど明瞭に表現されている。人がフランスかぶれになる所以である。異論の挟みようのない論理とそれらすべての確かさに、取りこまれてしまう。フランス人には個々の好みがあるだけでなく、それを好むことの理由がある。物事は「正しい」か否かで判断される。

「正しい」、これこそフランス文化が現代性を受け容れようとしないときにフランスでよく用いられる言葉で、とりわけアメリカ(ばかりではないが)の現代性が「正しさ」とのあいだにしょっちゅう摩擦を起こしては、この言葉を向けられている。現代的という言葉の下に、厳格さに欠けたり形が崩れすぎてはいないか、と見られることが多い。実際そのとおりということもあるが。

「正しさ」が物事を行ううえで正しい方法(かつ、ときとして唯一の方法)を想定しているとき、

「現代」はもっと気安く、親しみやすい、あえていえば多様な道筋を提示している。そこであの赤いガイドブックに連れ戻される。ミシュランは、気安さということを頭から否定する、「正しく」巡回中の警官である。

ミシュランがサンフランシスコのレストラン格付けを発表したとき、私は彼らが間違えたと判った。ちょうどイタリアでも同じことをやったのだが、ミシュランはイタリアのすばらしい美点を完全に見逃した。イタリアには正しさというものがそもそも存在せず、それを欲するイタリア人もほとんどいないからだ。

そのよって来たる文化を反映して、ミシュランは「形」に縛られている。イタリアの三つ星レストランはカリフォルニアの三つ星に似ていなければならず、翻ってフランスの三つ星に似ていなければならない。同等性こそが最高の権威だ。とりわけ二つ星、三つ星レストランともなると、あるべき真に自明《セ・テヴィダン》な道はひとつしかない。ある程度「形」が緩くてもいい一つ星のグループでさえ、まだ看過できないほど堅苦しい。

ミシュランがサンフランシスコでひどい失敗をしたのはこういうわけだ。たとえばイタリアのカンパーニャ州の料理に注ぐ強烈な愛情がほとんど執念と化した〈A16〉のような店の、ほれぼれとするような食の美を、見いだすことも祝福することもできないのなら、そんなレストランガイドは「形」で眼が曇っているのだ（もっと証拠を挙げようか？　ニューヨークで、あの〈グラマシー・タヴァーン〉がただの一つ星だなんて、ミシュラン以外の誰が考えようか）。

遺漏もまた一種の理解であるし、違う流派には独自の需要と表現もあろうという認識かもしれない。だがミシュランは、自分の仕立てによく似合う装いの女だけを崇めている男のようだ。何よりも重要とされるのはこうして残った形なのだ。これだけに向き合っていれば、褒めてもらえる。そうでなければ、暇がもらえる。自明のこと《セ・テヴィダン》だ。

（二〇〇六年）

醒めた眼のわけは

たいていのワインライターはボルドーの虜《とりこ》である。私にはその遺伝子が伝わらなかったとみえる。ボルドーがずいぶん素敵なワインを生むことに異論の余地はないが、総じてボルドーはお金とステータスばかりがものを言うようだ。赤のボルドーは圧倒的に、ウォール街の大金持ち連中のお気に入りだからだ。そしてヨーロッパ、ロシア、アジアの同類の。

理由は単純だ。高級ワインの基準からすれば、かなりの供給量があるからだ（これに比べればブルゴーニュの生産量はわずかである）。高名なボルドーのシャトーなら誰でも耳にしたことがあるから、まちがいなくあなたもよくご存知だろう。それに、ボルドーの一流シャトーは一級から五級に格付けされているから、自分がどこにいるかを正確に知ることができる。さらにいえば、ボルドー最高のワインは世界中で取引されるため流通性が高く、利潤を生みだす現実的な力がある。

巨大マネー、ボルドー

世界中で真に重要なワインはただひとつ、ボルドーしかない。これ以上率直にいうことはできないが、しかし真実である。

ごく最近の二〇〇〇年ヴィンテージでの狂騒をみてもわかる。史上もっとも高い初値で売りに出されたワインだが、シャトー・ラフィット・ロトシルトのような第一級シャトーが発売されて店頭に並ぶとき、一本の値段は四〇〇ドルほどになっているだろう。

「冗談だろう」という声が聞こえる。「きみのようなブルゴーニュ野郎が、ボルドーだけが真に重要なワインだなんて。『テロワール』はどうなった？　立地こそが神聖なんだろう？」と。

ええ、まあ、それが何か？　私はべつにボルドーにテロワール上の重要性があると言いたいのではないし、その立地はさほど神聖なものでもない。少なくとも、ブルゴーニュ、ピエモンテ、モーゼル＝ザール＝ルワーにおけるような精緻なものではないと思う。

しかしボルドーには、他のいかなるワインにも真似のできないことができる。それはボルドーが「価値」をうち立てたことである。これこそボルドーだけが、世界でほんとうに重要なワインというゆえんだ。

ボルドーは世界中があこがれる超高級ワインであり、超高級ワインといえばボルドーなのだ。ボルドーは貴族階級の力を、いや、ともかく貴族的なものの見方を明示している。

厖大な地域生産量の圧倒的多数を占めるのが、いたって普通のワインだということには目をつぶろう。ボルドーには、カリフォルニアのように、品質面における現実の競合相手が存在するが、それにも目をつぶろう。至高の品質というものとはほとんど関係がない。ソーテルヌだけを別とすれば、ボルドーはもはや至高の銘酒ではない。だが、イメージではそうだ。

ところでボルドーの有力ライバルであるナパ・ヴァレーでは、そのイメージは健在である。ナパ・ヴァレーの人はすべて、カリフォルニアにおけるカベルネ高級ワインの経済のからくりを知っている。その値付けはボルドーを目印にしているからだ。カリフォルニアのカベルネばかりを一途に買い続けるほどの人でも、ボルドーの価格からみた「値ごろ感」があるかどうかをつい値踏みする。

証明しようか？　こう考えてほしい。ナパ・ヴァレーのカベルネの価格が暴落したらボルドーには何が起きるだろうか。まったく何も。では、もしボルドーが暴落したらカリフォルニアのカベルネの価格はどうなるか？　おわかりだろう。

それればかりか、こうした価格決定力が及ぶのはカベルネ・ソーヴィニョンだけにとどまらず、むしろ世界中の超高級ワインのほぼすべてに影響は及んでいる。ボルドーは通貨市場における米ドルのような存在である。イメージのもつ力もさることながら、世界中に流通する比類のない強みをもっているのだ。

超高級ワインの値段が決まるのは、こうして誰の頭の中にもボルドーが思い浮かんでいるからだ。確かに熱烈な愛好家には、ロマネ＝コンティやカリフォルニアのカルトワイン、ボルドー右岸の新星カルトワインなどを讃えてやまぬ人もあろう。

だが、こうしたワインのどれひとつとして「価値」をうち立てたものはない。どれひとつとして、ボルドーに張りあう基準ではない。いっぽう、シャトー・ラフィット＝ロトシルトやその仲間の一級シャトー（ラトゥール、ムートン、マルゴー、オー＝ブリオン）が一本四〇〇ドルと決めたら、ワイン界全体が連動して価値体系が再設定される。なぜなら、顧客はことごとくボルドーのことを熟知しているからだ。

こうした再設定は、ひとえに自覚的な価値に基づいておこなわれる。オーストラリアのカルト的シラー、スリー・リヴァーズのオーナー兼醸造家、クリス・リングランドを例にあげれば、彼は最近、オークションで自分の（もともと高くなかった）ワインに法外な値がつくのを見て、一本三〇〇ドルに値上げした。買い手はその価格に慄然としたが、リングランドは今こう言える。「なに、まだラフィットより一〇〇ドル安いさ」

カリフォルニアのカベルネ生産者しかり、新顔の高額バローロ生産者しかり。ブルネッロ・ディ・モンタルチーノでも、エルミタージュでも同様である。最近のばか高いスペインもの、たとえばプリオラート、リベラ・デル・ドゥエロといった地区からのワインもそうだ。

二〇〇〇年の一級ボルドーを一本四〇〇ドルで売るとなれば、他の同等に（もしくはそれ以上に）優れたヴィンテージのワイン価格はどうなるか。一九八九年、一九九〇年、一九九六年の一級ボルドーは、今どれでもオークションでもっと安く売られているだろうか。答えは自明だ。値上がりは価値を持続させるためである。

かつて上院議員ジェイコブ・ジャヴィッツは、権力のことを「人を言いなりにさせるもの」といった。ボルドーのように他のワインを言いなりにさせる存在はない。それが力だ。二〇〇〇年ヴィンテージの価格で思い知らされたのは、いくら私たちが「高級ワイン時計」をもち、それらが「ピノ・ノワール時間」「シラー時間」「ナパ・ヴァレー時間」を刻もうと、市場はボルドーを中心に回っている。そのおかげで時間が刻まれてゆくということだ。

だから、今度フランスから「アメリカの一極支配」について異が唱えられたら反論しよう。高級ワインの世界は、文字どおりボルドーの巨大マネーで成り立っているじゃないですか、と。

（二〇〇一年）

今日、一見して受けいれがたい高値でも、それは明日の安値かもしれない。次の短文で私は二〇〇五年ボルドーの先物のことを書いたが、その初値を見ただけで、このことは容易に裏付けられた。

飛び込むか、やめておくか

先日友人からかかってきた電話の声は、過呼吸以外の何ものでもなかった。「で、どう思う?」彼が訊く。「二〇〇五年のボルドー、買うべきかな」

この特殊な騒動に無縁の方のために書けば、二〇〇五年産ボルドーの赤は、樽試飲の大法官たちが、ゆめ見逃すなかれと世界中に布告したものである。ワイン記事の常として、修飾過多で誇張があるとしても、その論調は尋常でなく、疑いようもないほど真剣であった。

「若いボルドーで、これほどまでに信じがたい香気に満ちたものを、味わった覚えがない」と『ワイン・スペクテイター』でジェームス・サックリングが書いた。ロバート・M・パーカー・Jrは、その『ワイン・アドヴォケイト』で、熱烈な試飲レポートの見出しに「二〇〇五年は完全無欠のヴィンテージか？」と書いた。

聞いて驚く人もあるまいが、世界中のボルドー狂は（どのみち金持ちだが）、二〇〇五年ボルドーに貪欲な鱒よろしく真っ先に飛びつこうとしている（二〇〇五年のワインは早いものでも二〇〇七年にならないと出荷されない）。

最も高価な一級格付けのシャトー・ラフィット・ロトシルトやシャトー・マルゴーになると、先物でアメリカに登場するとき——覚悟はいいか——一本七〇〇ドルもするだろう。注意してほしいが、どちらのシャトーでもこれが二万ケース生産される。

やっかみを招くのを承知で計算すれば、先週ボルドー市場に提示されたラフィットとマルゴーの初値は、一本三五〇ユーロ（四三八ドル）であった。これは第一回目のトランシュ（スライス）と呼ばれるもので、瀬踏みをするようなものだ。買付人はこれを即座に別の仲買人に四〇〇ユーロ（五〇〇ドル）以上で投げる。これを知ればシャトーが二回目のトランシュをもっと高値で出してくることは見やすい道理だ。

さて計算してみよう。一級シャトーが、一本五〇〇ドルで、たとえば一万五千ケース売ったら、その額は七千五百万ドルになる。悪くない《パ・マル》ね、フランス人ならそう言いそうだ。ボルドー一級ワインの生産原価が一本一〇ドル程度であることを考えれば、なおのことである。フランスは自由経済でないなどと、誰が言ったのか。

で、先物に餓えた友人に、私は何と言ったか。答えは自明である。金がたんまりあれば乗ればいい。ついでに言うと、ボルドーを買うこの手の狂騒は、きわめて定期的にやってくる。それはいつも欲望で強度を増してくるのだが、おさまりをつけるには、時の試練という古典的な方法しかない。

それでも全員が勝者である。いうまでもなく生産者は勝ち。それからワイン商も勝ち。お届けの二年も前に顧客は全額前払いしてくれるのだから。そして買ったほうは買ったほうで、あとの楽しみにもほどがあるが、そんな期待に胸ふくらませることができる――いみじくもT・S・エリオットが言った「欲望と痙攣」〔エリオットの詩「うつろな者たち」の一節〕のはざまで。

（二〇〇六年）

そんなに強気になれるとは

何年も前、ワイン愛好家のあることに気づいて驚かされたことがある。彼らの心は傷つきやすいのだ。

ずいぶん前、私はボルドー愛好家のことを「変人（wacko）」と書いた。いま私はボルドー愛好家をかなり知るようになった。私は彼らをやり玉に挙げたりはしない。おわかりだろうが、彼らはまったく気にしないのである。ワイン愛好家の例にもれず、ボルドー好きは気前がよく寛大な心の持ち主で、同好の士を求めては貴重な瓶をぽんぽん開けようとする（彼らから真っ先に声がかかるほうではないのは承知しているが、そんなことを口にしない心遣いがありがたい）。

ともあれ、かつて私は、今日のボルドー相場が狂気の沙汰で（年産二万ケース以上どっと出てくる一級ワインが一本四〇〇ドルもするというのだから）、その値段は鼻血が出そうだと書いた。そこでこう訊ねたのだ。「みんなほんとうに頭が変なんじゃないの？」

私はボルドーに強気で張り込む人びとと一戦交えるつもりでいた。彼らは、ボルドーの神聖な名誉とすばらしい伝統、高貴さ、そして何世紀も変わらぬ価値を保っていることを旗標に争ってくるはずだった。まったくそんなことはなかった。

彼らがどこからともなくぞろぞろ現れたわけは、私が「変わりもの」と表現したせいであることに気づいた。ボルドー好きは、自分こそ本流のなかの本流で、最も深いところにいると思っている。当然ながら、彼らがすることは何であれ思慮分別のたまものである。

私が驚いたというのは、これがもしブルゴーニュ好きに「変人」と言ったのなら、言われたほうはにやりと笑い、「そりゃそうだ」というはずだからだ。ジンファンデル党しかり、イタリアワインきちがいしかり。私たちは自分がアブナイとわかっている。ほかにどうしろというんだ？（正直に言うと、私はブルゴーニュの本を書いたことがあるが、ちょっとアブナイ本だったのですぐ絶版になってしまい、今その古本はアマゾンで一五〇ドルもする）。

自他共に認めるボルドー好きが、力をこめて私に言いはったものだ。ブルゴーニュの面白さというのは入手難と正比例していないか、と。つまり、品薄であればあるほどそそられるのだろう、と。

「そりゃそうさ」。私は応える。「それがブルゴーニュのリアルな魅力だよ。みんな知ってる。獲物そのものだけじゃなく、狩りを愛しているんだ」

「ははっ！」。彼は笑い声をあげた。「それがきみたちがおかしいってことのリアルな理由なんだ。わかっていたよ」

こんなのは私には判りきったことと思えるのだが、どうも彼には決定的な自白に聞こえたようだ。私はわざわざ言う気にもならなかったのだが、カリフォルニアやイタリアの極上ワインでも事情はまったく同じで、いずれ劣らずスー族〔アメリカ先住民族のひとつ〕の戦士なみの追跡術と忍耐力を要する。

そんな風土に染まっているので、私は、ボルドー愛好家も彼らなりに自分のおかしさを自覚しているはずだと思っていた。さもなければあれほどの傾倒ぶりを説明できない。ボルドーの誰もがテロワールを語るけれど、（一級から五級までの）格付はシャトーのブランドに対してのもので、その他のフランス各地のように土地に対するものではないことを、彼らはきっと知っているはずだ。

ここでクリュ・クラッセまたは格付けについて補足しよう。手みじかにいうと、一八五五年ナポレオン三世がパリ万国博覧会を開催したとき、ボルドーの商工会議所は優れたワインの番付表を作成せよとの命を受けた。だが仕事は手抜きで、番付表は歴史的な価格に基づいていただけで、パリの組織本部は古くさい代物と判じた。そこで任務はボルドーの地元仲買人に委ねられた。彼らも歴史的価格に当たりはしたが、ちゃんと利き酒もした。

仲買人らは、ボルドー最高の赤ワイン産地であるメドックから六十のシャトーを選び出すことで答えを出した（ソーテルヌの格付けもしたが、これとは別である）。これらシャトーは一級から五級までに格付けされるという位階にあずかり、そのなかで四つのシャトーだけが最上格とされた（シャトー・ラフィット、ラトゥール、マルゴー、オー・ブリオン）。次いで二級のシャトーが十四、三級が十四，四級が十、五級が十八とされた。

どういうわけかこの格付けは世紀をこえても唯一の存在であり続け、聖書のようになってしまった。不変だったが、唯一の例外として、一九七三年シャトー・ムートン・ロトシルトが二級から一級に昇格した。

ここに興味深いことがある。格付けシャトーが地所を拡げるのはどこもしてきたことで、何の問題もない。格付けシャトーは同一地区または村内のブドウ畑なら、畑の実力に関わりなく、どれでも買収できる。するとほら、買った土地は何であれ、自動的に一級や二級の格付けとなる。

だが、この「シンデレラ効果」の逆は成り立たない。格付けのないシャトーが格付け畑を買い入れても、その畑は新所有者の低い地位に降格してしまうのだ。

いっぽう、ブルゴーニュは土地の尊厳がすべてであり、ブランドは関係ない。グランクリュのブドウ畑は誰の手にあろうがグランクリュで、つまりひどいワインができてもグランクリュである。

さらに収量の問題がある。ピノ・ノワールを愛する人なら、誰でも低い収量の大切さを知っている。一エーカー当たり二トン（一ヘクタール当たり三十ヘクトリットル）を大きく超えてしまうと、ワインは凡庸を免れなくなる。ブルゴーニュの偉大な造り手、たとえばドメーヌ・ルロワに至っては、その半分にまで絞り込む（それゆえワインも比類がない）。

しかし、ボルドー人と収量を話題にしてみるといい。ボルドーの偉大なエキスパート、ロバート・M・パーカー・Jrはその著『ボルドー』で問うている。「今日、一九六一年、一九五九年当時の六倍もの収量を上げながら偉大なワインを産むことなどほんとうに可能だろうか」。ボルドー人の回答は察するまでもない。

こういうことを知るがゆえに私は、ボルドー愛好家が、その他われらに劣らぬ変わりものにちがいないと書いたのだ。でも私は間違っていた。彼らは健全な精神をもって自認しているのだから。年産二万五千ケースもあるワインに、直近の売り出し価格で一本二五〇から四〇〇ドルも払うとあっては、確かに本流だろうね。

（二〇〇五年）

第七章　高飛び、イタリアへ

フランスは私の初恋の、すなわち忘れがたい国ではあるのだが、近年はイタリアで過ごした時間のほうが長い。数知れないアメリカ人と同様、私も気がつくとイタリアの虜になっていた。その地方色豊かな料理、厖大かつ固有の味わいのワインの数々、その活発なこと、そして何よりも、イタリア人そのものに。彼らは紹介無用で知られる人々である。

幸いにして私はイタリアに長期間住んだことがある。一度はピエモンテ地方で、一年間この地方の料理書を書く研究をした。二度目はヴェネツィアで八か月暮らしたが、その夢のように恵まれた日々はご想像に任せる。

初恋の相手がフランスだったのは光栄だと言わねばならない。どこかうっかり者のアメリカ人に、「閉じた」文化圏を洞察するすべを教えてくれたのはフランスだったから。こんなことを言うのは、イタリア人のとにかくもてなし好きで気安い物腰のかげに、表向きではうかがい知れない、隠し立てをする秘密主義の素顔があるからだ。

こう書くとフランス人はあとずさりするかもしれないが、イタリアにはフランスよりも玄妙な文化がある。フランスにいきわたったルールは、見た目の正しさで、これを読み違えるとすぐに直され、諭される。イタリアにも無数のルールがあるけれど、内密のもので、人はそれを自力で読み解かなければならない。イタリア人は何も言わない。だが、すべてに気づいている。

達人《エスペルト》にされて

私はルケ（Rouchet）の記憶をさぐり当てた。トリノから四十五マイル東、カスタニョーレ・モンフェッラートの特産の、珍しいピエモンテの赤だ。なぜそうなったのかというと、トリノの名高いレストラン〈サン・ジョルス〉で友人たちと夕食をとるはめになったからだ。トリノのすばらしくばかでかい食材市場の近くである。サン・ジョルスという名称はサン・ジョルジュのピエモンテ訛りで、開業はたいへん古く、二階以上がホテルになっていて、その様子から一八〇〇年代初頭のイタリアの娼館かと思いたくなる。

私たちが席に着くや、仲間のピエモンテ人が、スイスのヨーデル歌手もかくやという声で、今日は本物のワインの達人《エスペルト》を連れてきたぞ、と呼ばわった。よせばいいのに、続けて、こいつはアメリカ人だけど、とりわけピエモンテのワインにくわしいんだ、と言った。給仕人は真っ白いサイでも見るみたいに、まじまじと私を見つめる。私は力なくほほ笑んだ。

たまたま私は、レストランに入っていったとき、素早くあたりを見回して、ワインのありかに目をつけていた。イタリアのレストランで、飲めそうなワインを見つけるには、ワインの並んだ酒棚を精査しておくほかないからだ。目につくところにあって、すぐにそれとわかることもある。料理長の足元、つまりオーブンの傍らということもある。ここではありがたいことにワインがすっかり見渡せた。

店のワインの品揃えはさほどではなかったが、幸いその中にルケがあるのを盗み見ていた。だから、声を発するときになって、私はそのカードを切った。イタリアでは、達人《エスペルト》たるもの、ただワインを注文するだけではだめだ。しゃべる馬、ミスター・エド〔昔のアメリカのテレビ番組で、馬が主役だった〕ならぬ私がそんな注文をしようものなら、給仕人は心底驚くであろう。彼はにわかにルケのすばらしさを並べたてはじめた。なにせ私は達人《エスペルト》だから、落ち着きはらって受け流すばかりだったが、それまで人生でルケを飲んだのが一度きりでも、そんなことはおくびにも出せない。

アメリカ人らしくりっぱにふるまったと胸をなでおろしてもらえるだろうか。じつはルケがその他何百ものイタリアワインから、特に抜きんでているわけではない。私は試飲用語の語彙が（イタリア語も含め）ちょっとばかり多いから、雄弁とはいかないまでも、そんなことをひとくさり話せた。あとはいつものようにワインの泡にまぎらす算段だ。

うまくいった。雰囲気もまあ悪くなかった。同席の地元びとが聞いたこともないワインを抜き出してみせただけで、その場では達人《エスペルト》ということにされた。文法的には怪しくても、なんとか自信たっぷりに話もした。それに、ようやく給仕人も、ピエモンテのワインでアメリカ人の達人《エスペルト》が存在することを、歯の妖精〔抜けた乳歯を、就寝中、枕の下に入れておくとプレゼントに換えてくれるという迷信上の存在〕ぐらいには信じてくれた。

しかし、二本のルケが並び、飲みはじめると、長いテーブルの端から誰かが、このワインは不似合じゃないかと発言した。達人《エスペルト》としては、よそ者だから当然としても、彼にむかって馬鹿者呼ばわりできる立場ではない。いかにも私はこれまで一度しかルケを飲んだことがなかった。だが同席の達人《エスペルト》たちにも、一度飲めば上物のルケがどういうものかはわかる。この瓶は上々だったが、つまりそれが雑味のないまずまずの出来で、いい具合に若いいからだ、と思った（イタリア人は若すぎるワインが苦手だ）。要するに一九九〇年のヴィンテージのワインだった。じゅうぶん若いにはちがいないが、一九九〇年が当たり年だったのだ。

だが、それでもまだ若さが足りなかった。さっきの男が給仕人を呼びつけ、なにかもっと若いやつは店にないのかと尋ねた。私はぎょっとなった。じつをいえば、このルケからして、舌をかきむしられるようなところがあった。給仕人はこれを請け合っただけではすまず、じつはシニョーレ、たまたま珍しく自家製のバルベーラがありまして、ときた。

いきおい私はそのワインのことをもう少し詳しく聞くことになった。そいつは単名畑からできたのか、ぞっとしない生産者たちの協同組合からドバっと出てくるやつか。彼は目を輝かせて、そのとおりです、と声をあげた。そこで畑の立地を聞いたのだが、その場所は、処分地でブドウ栽培をするようなものだった。おまけに誇らしげに、一九九二年のワインです、という。私はさらに空恐ろしくなった。

目の前にでてきたのは一九九二年だった。ここで申し上げると、この年はカエルやオタマジャクシといった水生生物の偉大な当たり年である。収穫直前に襲った雨は、収穫のあいだじゅう続き、旧約聖書の天罰さながらであった。ピエモンテは大洪水と停電に見舞われた。ブドウ畑は、少なくとも平地では、田んぼにしか見えなかった。道路は丘陵から流れ出た土砂で寸断された。つまりふつうの一九九二年産ワインは「水っぽい」としか形容できない。

このレストランの一九九二年産バルベーラはこうして生まれた。イタリアのテロ組織「赤い旅団」

のハウスワインにでも相応しいような、すさまじい味だった。連帯意識がないのか、怖いのか、テーブルの端の人びとは一九九〇年のルケのほうがずっと気に入り、いささか聞こえよがしにおかわりの瓶を頼んだ。

ところがテーブルの反対側の男は、バルベーラを味見すると大きく舌鼓を打ち、こっちのほうが口に合うと言った。近くのピエモンテ人たちは静かに相槌をうったが、イタリアなら些細な口上にも大喝采がつきものなのに、このときはさっぱりだった。見れば、その座の数名がほぼいっせいに頼んだのは、ミネラルウオーターのおかわりだった。

——「ピエモンテへの熱愛　イタリア至高の地方料理」より（一九九七年）

失敗のおかげで

「失敗したよ」。アルド・コンテルノがうめき声をあげた。ワイン造りの人生は七十五年に及び、コンテルノはまず失敗などしない人だ。実際、彼はそんなことはほとんどなく、だからこそバローロ最高の造り手に挙げられてきたのだ。彼のバローロはドルで三桁になるのがお決まりで、ボルドーやブルゴーニュに注がれるのと変わらぬ執念で収集されている。

バローロ、このネッビオーロ種一〇〇パーセントで造られるワインは、イタリア最高の赤ワインとして、あまねく認められている。だが、けっして（たとえばカベルネ・ソーヴィニョンのように）ワインに造りやすいブドウではない。ネッビオーロはタンニンと酸が強いが、ワインをすぐに飲む風潮の当世では、そのどちらも望ましからざる特徴である。

ネッビオーロとの格闘は、ワイン造りのうえで類のない難題である。コンテルノが到達した優雅さと品格をたたえたバローロは、あたかもモトクロスのレースを滑らかに乗りこなすような至難の業だ。だが、コンテルノはまさにそうした仕事を、おきまりのように成し遂げてきた。彼が造る五本のバローロは個性にあふれ、各自のメッセージを——さながら廷臣のように——いとも優雅に伝えてくれる。

こう書けば、先日彼を訪ねたときに失敗をしでかしたと聞かされたときの驚愕がわかっていただけるだろう。「二〇〇三年のヴィンテージだよ」。わけを聞かせてくれた。「とても暑かったろう。すごく難しい年だったんだ」

二〇〇三年という扱いづらいヴィンテージで、猛暑の熱波により、ブドウはときに干上がった。コンテルノは致命的な決断をした。

「一か月後でも私には気に入らなかった」と言った。「バランスがとれてないと思った。間違っていたよ。でも当局には、バローロにするか、ネッビオーロへの格下げを申出るのか、決断に迫られた。せがれが言ったよ、もうちょっと時間をやればわかるって。ほんとうにいいワインだからって」

「私はせがれたちに反対したばかりか、自分が何をしてるかわかっているのか、なんて言ってしまった。恥ずかしいよ」。叱りとばした言葉を思い出すと、後悔の念に堪えないようだった。

「ともあれ、私たちは二〇〇三年のバローロは一本も造らないことに決め、そのかわり全部ネッビオーロ〔広域名称ランゲ・ネッビオーロのこと〕の〝イル・ファヴォット〟のラベルで売ることにしたんだが、一か月後、息子がやってきて一杯のグラスを渡すんだ。『これ飲んでみてくれ』とね。それが何かは言わない。で、飲んでみて『こりゃあすごいワインだな』というと、あいつが言ったよ、『親父、二〇〇三年のイル・ファヴォットだよ』」

この話からおわかりのとおり、二〇〇三年のイル・ファヴォット（ピエモンテ訛りで発音するとファーヴート）は、特別かつ前例がない。通常五種類のバローロに用いられるブドウがすべて入っているが、そのバローロの値段は一本一二五ドルから二〇〇ドルだ。

「そのワインを飲んで自分の間違いに気づいた」。コンテルノが言う。「イル・ファヴォットにするネッビオーロは、たいてオークの小樽に入れる。でも私個人はオーク風味が好きじゃないから、うちのバローロは小樽に入れない。だから息子たちに言ったんだ『このワインを小樽から出して、バローロ用の大樽に移そうや。だって、本物のバローロなんだからな』って」

ふだんイル・ファヴォットはオーク風味で愛想のいいワインだが、こういうわけで二〇〇三年はオーク風味が皆無である。並外れて濃密で厚みがあり、堂々たる骨組み。底深いガーネット色で、強い芳香は突き抜けるようだ。ぶ厚い舌触りもすばらしい。

表記上はランゲ・ネッビオーロだが、二〇〇三年のイル・ファヴォットは、じつにみごとなバローロとしか言いようがない。偉大なバローロと変わらず、二十年はよく育つだろう。ポデーリ・アルド・コンテルノはこのようなイル・ファヴォットを仕込んだことがないし、この先もありそうにない。

仮に同じワインがバローロのラベルで出ていたら――そうなってもおかしくなかった――一本

一二五ドルだった。だが、違うラベルで世に出たから、五〇ドルにとどまった。確かに安いとはいえないけれど、桁外れの内実をもち、この血統をもつバローロだと思えば、もはやただ同然である。バローロ好きに聞けば、アルド・コンテルノのバローロが五〇ドルでは買ないと教えてくれるはずだ。ただし、今回だけは買える。

（二〇〇六年）

おそろしくシンプルなトスカーナの畑

マッサ・マリッティマ、イタリア。ワインの記事の不文律に、読者が入手可能なワインのことを書け、というのがある。これはもっともだ。いかにすばらしいワインかと説かれても、おっと、手に入れるのは無理です、と書いてあるほど腹立たしいものはないからだ。好きにしろ、と言いたくなる。それでもときとして、あまりに風変わりで、しかも根源的な重要性をもつ生産者に出くわしたりすると、この入手可能という必要条件を無視してでも、存在を知らしめること自体に大きな意義があると思えることがある。マッサ・ヴェッキアというトスカーナの生産者がまさにそんな例だ。

今ではマッサ・ヴェッキアのワインは手に入る。わずかな量だが輸入されている。だが現実にマッサ・ヴェッキアを見つけ出すにはスー族の戦士なみの忍耐と辛抱強さが要る。

マッサ・ヴェッキアのブドウ園を見つけるのも骨が折れる。トスカーナ丘陵の町マッサ・マリッティマ目ざしてうねうねと車で上っていっても、なんの案内板も見つけることができず、県道のある反対側へとうねうねと下って古いエッソのガソリンスタンドに車を入れる。店番も、若いバリスタも、マッサ・ヴェッキアを知らない。ちょうどそのとき、若いブロンドの美人が勘定をしにやってきた。私が尋ねているのを聞くと、あきらかに知り合いらしい店番に振り返った。「なあんだ、知ってるじゃない。ファブリーツィオ・ニコライーニとパトリツィア・バルトリーニのブドウ畑よ」

それを聞くとみんなにっこりした。なあんだ、ファブリーツィオとパトリツィアかあ！「すぐそこですよ」と店番が言った。

私が着いたとき、三十八歳のニコライーニはたまたま表に立っていた。「マッサ・ヴェッキア」は妖精ティンカーベルのようなワイナリーで、手のひらにすっぽりと包み込めそうな気がする。セラーにはさまざまな樽が並び、オーク製もあればティーニという栗材で組み上げたものもある。その樽は、今日のようにオーク全盛時代となるまでトスカーナで好まれたもので、木目の詰んだ樽板が堅固に組んであるため、酸素はごくわずかしか通過しない。

ニコライーニのワイン観は、ユニークというより、かけ離れて独創的である。父祖から受け継いだブドウ畑は八・六ヘクタールのみ。その猫の額ほどの土地に、白ブドウはヴェルメンティーノからアンソニカ、ソーヴィニヨン・ブラン、トレッビアーノ、マルヴァジア・ディ・カンディア、赤のブドウはメルロ、カベルネ・ソーヴィニヨン、アレアティコ、サンジョヴェーゼ、アリカンテ、マルヴァジア・ネラなどが育つ。どれも樹齢は三十五年以上だが、とりわけカベルネとメルロがトスカーナでは日が浅いことを思うと、これは異例である。最近ではサンジョヴェーゼだけの畑の植え付けをした。

ニコライーニは日本人の農業家で思想家の福岡正信に心服している。その説くところは一九七五年に著された『わら一本の革命』にくわしいが、驚くほど単純な、持続性を重視した農耕理論である。「化学肥料なし、除草剤なし、機械の世話にもならない」そうニコライーニは言う。

ブドウ樹の畝のあいだはざくざくと土地を切り裂いて下草を裏返すのがふつうだが、ほとんど鋤入れはせず、かわりに二頭の長角種の牝牛を飼い、その用に供している。「もうすぐ売るんです」と残念そうに言う。「どちらも歳をとりすぎて。代わりの若牛が必要になりました」

こうした純粋主義のブドウ栽培によって生まれてくるのは、唯一無二の妥協なきワインである。たとえばニコライーニの辛口の白、かつてアリエントと称し、今ではただ「ビアンコ（白）」と称するワインは、六〇パーセントがヴェルメンティーノで、その他はソーヴィニョン・ブラン、マルヴァジア・ディ・カンディア、アンソニカ、トレッビアーノがそれぞれ約一〇パーセントずつからなる。彼はこの白ワインを果皮もろとも仕込むのだが、この方法は赤ワインでこそ通例だが、白ではちょっと聞いたことがない。

「ブドウは五日間、日に二回ずつ足で踏むんです」「それから三週間、果皮とともに過ごし、毎日押し沈めます」栗材の小樽で熟成させてできた白ワインは、スリリングというにふさわしいもので、まぶしいほどの黄金色をし、野生のハーブが力強く匂い立つようで、あとにはごくわずかに（果皮に由来する）収斂味がある。いかなるところにも、これに似た白ワインはない。

そしてこんな具合にいろいろなワインができる。特筆すべきはデザートワインのヴィン・サントで、その舌触りと色調は、甘美をきわめたエンジンオイルさながらに、ハチミツ色をし、濃密な粘度がある。マッサ・ヴェッキアのそれは、至高のヴィン・サントとの世評高いアヴィニョネージの作に比肩する。

ニコライーニとっては、単純であること、謙虚であることがすべてである。「ワインは大地や地球、あるいは僕たちとは別のものだろうか。ていねいにブドウ畑の世話をして、万事なるがままにワインができあがればそれでいい、そう思いませんか」〔二〇〇九年以降、農園はパトリツィア・バルトリーニの娘夫婦を中心に運営されている〕（二〇〇六年）

海岸通りで鮮魚と美酒を

ヴェネツィア。四十五歳のチェーザレ・ベネッリは、白髪のうねる男前で、屈強そうな身体からは、温かい活気が漂ってくる。かつてアマチュアのボクサーで今はシェフのベネッリは、この世でもっとも観光俗化した都市にあって、皮肉屋なら愚挙と言いそうな動機に一身を捧げる人物である。〈アル・コーヴォ（隠れ家）〉と称する四十席のレストランの主人兼料理長として、ベネッリには単純明快な動機がある。ヴェネツィアの伝統を重んじつつ、最高に新鮮な魚介を提供し、イタリア（とフランス）の、旧来の味覚を度外視して選びぬいた最高のワインを合わせたい、というものだ。

他所《よそ》ならば――これはヴェネツィア人がイタリア本土の固い土地《テッラ・フィルマ》を指していう言葉だが――ベネッリの苦労はもっと楽で、きっと値段も安くなったかもしれない。ヴェネツィアでは何もかもが小匙でちびちびと分配される。ホテルの洗濯物袋は手から手を経て待ち受ける船に乗り、ワインの箱が手押し車で路地を行くさまは、アリがパンくずを運びだすかのようだ。

かくて旅行者は、ホテルではヨーロッパでもっとも割高な部類の宿泊代を払い、レストランではきわめてきつい勘定に耐え忍ぶのだが、そこには一度かぎりだから中身には目をつぶろうという気持ちがある。ヴェネツィア人自身の払う勘定はかなり安く、地元人はレストランなどでスコント（sconto）という値引きを受けるのが通例で、三割から五割引きになる。

ベネッリはいつでも突っ走り続けている。「ほんとうに新鮮な魚を仕入れるのがどうにも大変になってきた」。リアルト橋近くのヴェネツィアきっての魚河岸に談が及ぶと、どこか納得できなそうに言う。「そりゃあヴェネツィアだから魚はいくらでもあるけど、どこから来くるかといえば、ノルウェーやスペインで、養殖ものです。そんな魚はどこからでも、どこにでも届くだろうが、うちには来ない」

魚介こそヴェネツィアとベネッリの料理の命だから、彼は生鮮食材について、こだわりぬいた鮮度至上主義者である。たとえば手長エビと貝柱などはアル・コーヴォでは生で供されるからだ。「私が求める物のよさにいったいいくらかかるのか、信じてもらえないでしょうね」「そこで、仕入れ先からうちに届く請求書を、ここに張りだすことにしました。これで私の支払い原価が判ってもらえるし、何よりも、どこで獲れた魚かがわかるでしょう」

そういうわけで彼は神殿に献ずるがごとく請求書を張りだすことに余念がなく、実際にぶ厚い束になった請求書は、来訪者の目に、いやがおうにもベネッリの高潔さへの対価というか勘定のわけを納得させている。

「これを見てください。括弧書きで（Pescato）と書いてある。つまり漁師が獲った天然ものです。Allevamento（養殖）じゃありません」

話はやがてワインのことに転じた。魚介と同じくらいワインを愛するベネッリは、学芸員のように慎重にワインを選ぶ。「私がワインを学んだのはアメリカでのことで、イタリアではないんです。一九七九年から一九八五年まで、テキサスのオースティンにあるハイアットで、飲食部門の支配人でしたから。あらゆるワインを試すことになるわけで、まあとんでもない教育を受けたものですよ」

彼はその地でテキサス生まれの妻ディアーヌと出会った。彼女はアル・コーヴォでデザートを作り、テキサス訛りの英語と速射砲のようなイタリア語で、お客をもてなしている（そのイタリア語を聞いた地元人が「ヴェネツィア訛りを使うのか」と感心したことがある）。

「一九八七年にアル・コーヴォを開けてから、イタリアでソムリエ講座に通いはじめ、プロ級コースに合格して、ようやく資格を取得しました。それがほんとうに役立ったかどうかというと……」。肩をすくめて言葉をぼかした。「この頃に私は自分の考え方を発展させることができました」

ベネッリがワインについて「自分の考え方」というのは、その魚介類への思い入れとみごとに調和している。「私が選ぼうとしてきたのは、それぞれの〝テロワール〟を、最も深いところで体現しているワインです。造り手が樽を使おうが使うまいが気にしません。でも、培養酵母でなく土着の野生酵母を使うかは気になる。発酵中に酵素を添加したり、濃縮機や逆浸透膜などで人為的に濃縮したりしていないか、とか」

ベネッリによると、イタリアじゅうのワインの八割以上が、何かしらワインを濃縮する手法を用いているという。「ワインは重く、濃くなりすぎている」「グラスで一杯飲んだら、それ以上飲みたくなくなります。現代のワインの多くは、アルコールが強すぎ、エキス分が強すぎるんです」

ベネッリのワインリストは週替わりだが、一九二種類のワインが載り、その多くに「独自の個性をお楽しみいただけると思えるワインです」と告げるハート印が付してある。

「どれも私が愛してやまないワインです」ベネッリが説明してくれた。「実際へんなワインもあるし、それが馴染みのある味わいでないことは事実ですしね」

そんな中から挙げると、ジャック・セロスのシャンパーニュ、ブリュット・イニシアル（万人が思い描くシャンパーニュではありませんが、桁外れです）、ヨスコ・グラヴネルのリボッラ・ジャッラとブレッグと名づけたブレンドワイン（グラヴネルは天才です。このワインで震え上がる方もいますが、私は大好きです）、ラ・ビアンカーラのレチョート・ディ・ガンベッラーラはソアーヴェ地区でガルガネガ種の半干しブドウから造られる甘い食後酒。

リストに載るワインはどれもきわめて穏当な値付けで、ヴェネツィアという場所柄を考えればおそろしく安い。

「私が選ぶのは『満点』みたいなワインではありません」と彼は言う。「ろくに知られていないワインであっても、値段が安いがゆえになおさらすばらしいものがある。営業戦略にお金を払う気はありませんからね。それから、お客様がふだん目にしないような土着品種のワインを提供したい。アメリカの方はそういうのがほんとうにお好きですね」。そしてこうつけ加えた。「皆さんワインにほんとうに熱心で、イタリア人のお客様とは大違いです」。目くばせして、にやりと笑う。「イタリア人は何にも知りません」

（二〇〇六年）

チェーザレ・ベネッツリと妻ディアーヌは今でもヴェネツィアで、確固たる純正主義の夢を追い求め、〈アル・コーヴォ〉はこの都市の、いやその点では世界最高峰のレストランとして健在である。

第八章　夢のカルフォルニア

今日、この世でワインに関わりのある人なら、誰でも万有引力のように人を引き寄せるカリフォルニアの力を逃れることはできない。そのワイン、文化、使い放題の富、そして何よりも、天真爛漫な喜びに満ちていること。

思い出してほしい、ヨーロッパの栽培農家の若者たちは、カリフォルニアに刺激を受けて、この地でプロとしての人生を共に歩んだことを。父親たちはその反対に、表に出たがらず、刻苦して得たワイン造りの叡智を隣人に盗まれでもせぬかと恐れたことを。ヨーロッパの若い世代がカリフォルニアで目のあたりにしたのは、専門分野の先進性と開放的であることを喜ぶ気質である。帰国した彼らは言う、俺たちもやるぞ、と。

ワインライターからすれば、そうした間口の広さのおかげで、果てしない試飲会に気前よく招かれるばかりでなく、ワインを造るプロセス自体に何の隠しだてもされなかった。そんな内幕まですっかり見せてもらえるのは、ヨーロッパではありえないことである。そもそも階級が分化しているし、そうだとしても相手をしてくれるのは領主や総支配人（または営業部長）であって、現場の醸造長、畑の管理者だったことはない。現在ではかつてとは違うが、それもカリフォルニアのおかげだ。

三十年以上にわたりカリフォルニアのワイン界が変貌してゆくのを仕事の立場から見つめてきた身としては、ワインの流行、美意識、テクノロジー、そして何をおいてもワイン用語の推移は、喧騒をきわめたとしかいいようがない。今もその状況は続いているが、かつてはぐらぐら沸き立っていたのに比べれば、今はふつふつと煮えている感じである。

瓶のなかの詩

ニューヨークに住む知人は、気温逓減率というものにまず馴染みがない。気温と高度とが相関するというあれだ。よしんば私の周りが（うすうす疑ってはいたけど）アホばっかりだったとしても、通常逓減率なんてものは、上流階級でさえパーティの話題にもするはずがなさそうだ。思うにニューヨークという都市は（そう考えたくない人もいるだろうが）高さがないがゆえに高みを求めてやまないのだ。たとえばマンハッタンの最高地点は、かつて禿げ山同然だった、フォート・ワシントン・アヴェニュー西一八四丁目のベネット・パークで、二六五フィート〔七九・五メートル〕しかない。

ニューヨーク市全体の最高地点はステイトン島のトッド・ヒルだが、せいぜい標高四一〇フィート〔一二三メートル〕、ハプスブルグ家の血友病持ちだって鼻血も出ない。

それでもメーン州の南側の東海岸ではここが最高峰だというのだから驚く。ではこれがワインにどう関係するのだろうか。何もかもだ。通常逓減率が本来の意味をもつのはまさにここなのだ。一般的法則として一〇〇〇フィート〔三〇〇メートル〕上昇するにつれて気温は二度下がる。高所に行けばそのぶん冷たくなるのである。

カリフォルニアの人々が「山のワイン」と呼んで夢中になるわけがここにある。カリフォルニアのブドウ栽培において、標高四五〇メートルから六九〇メートルの立地とは（そもそもブドウの完熟を狙ってそこまで登りついたのだろうが）、稀でこそないが、ざらにあるわけでもない。

たいがいのブドウ栽培者らは高い標高の立地に及び腰である。ブドウはそうそう完熟しないし、収量はかなり落ちる。土壌はやせ、岩だらけである。山麓の耕作はしばしば急峻な斜面という労苦をともなう。高く上るほど、仕事がきつくなるのだ。

どうしてそこまでするのか。今日カリフォルニアで造られる最高のワインは――これは著名とか高価であることを意味しない――高地で栽培されるからだ。

では、どうしてもっと有名にならないのか。生産量に限りがある、というのも理由の一端である。高地のワインは概して小さなブドウ園でできるものだし、収量も低い。そしてこうしたワインは個性が強いというのも理由に挙げよう。どの評論家からも確実に高い評点をもらえるような、画一的で万人受けのする魅力は持ちあわせていないからだ。

もしもワインが、ロバート・ルイス・スティーヴンソン『宝島』の地図のように「瓶のなかの詩」であるならば、山のワインこそ、E・E・カミングスの詩境にもっとも近いものといえる。彼は自選集の序文で、少しも悪びれずにエリート主義をこう謳いあげた。「これからの詩はきみのため、私のため、でも世人のためではなく」

マヤカマス・ヴィンヤーズ「マウント・ヴィーダー＝ナパ・ヴァレー」のシャルドネを飲んだとき、私はただひと口で即座に「わっ、これはいい」と言ってしまった。飲み終わるまで、ワインは壮麗になっていったが、それでも無理に雄弁なところはなかった。

一八八〇年にまでさかのぼるマヤカマスのブドウ園はナパ・ヴァレー最古の畑のひとつだが、E・E・カミングスが「世人のためではなく」とタイプを叩いたとき、もしや彼はこれを飲んでいたかもしれない。世人にほかならぬワインライターたちの高得点や夢見心地の賛辞はぜったいにもらえそうにないから。

それは当然でもある。オーナーで醸造家のロバート・トラヴァースは物理学者リチャード・ファインマンのこんな言葉を服膺している。「科学者の仕事は自然に注意深く耳を傾けることで、自然に対して振り付けをすることではない」。トラヴァースはスタンフォード大学で地質学を修めたから、その奉ずる学問に深く通じている。一九六八年以来世話をしているブドウ畑は、カリフォルニア最高地点のひとつである。彼は自然（もしくはそこから生まれるワイン）に対し、振り付けをするような人物ではない。

マヤカマス・ヴィンヤーズ「マウント・ヴィーダー＝ナパ・ヴァレー」の二〇〇三年は、標高六六〇～七二〇メートルのシャルドネの畑から生まれる。さらに、平均三十五～四十年と樹齢も高い。トラヴァースによれば「けっこうたくさん」樹齢五十五年のブドウも植わっている。収量は一エーカー当たり二トンに達することはない（ナパ・ヴァレーの平野部ではその倍か、さらに多い）。

これこそ伝統主義によるカリフォルニアのシャルドネである。醸造に用いるオークの新樽は一〇パーセントのみ。まっさらなオーク樽がもたらす（世人が好んでやまぬ）ヴァニラやココナッツの匂いに見舞われることもない。

さらにトラヴァースは、そのシャルドネにマロラクティック発酵をさせない。それはきついリンゴ酸を微生物による二次発酵で柔らかな乳酸に変える工程だ。彼はリンゴ酸のもつ活性力と、それによりワインが長命になることを重視するからだ。

マヤカマスのシャルドネは数十年にわたって育つ。今日、一九七六年産のそれは二〇〇三年に通じる異例な猛暑の跡をとどめているが、味わいはすばらしく、おどろくほどの新鮮味がある。

このシャルドネの類を見ない華々しさについていけるカリフォルニアのワインはちょっと見当たらず、その点だけならどこにもない(強いてあげればグランクリュのシャブリか)。緑がかったレモン色をし、濃厚ながら引きしまった味わいはシャルドネの本領で、ミネラル、レモンカード(レモン、バター、卵黄、砂糖を煮つめたペースト)、ジンジャーの砂糖煮などを思わせる香りが続く。バランスはほぼ完璧で、味わいの中核には濃厚な果実味と生気ある酸味とがみごとな対比をなしている。

この地のほとんどの生産者は、世間一般の人であるがゆえに、その作風を受けとめきれないのだが、これこそカリフォルニアのシャルドネの白眉といってよい。すばらしい品質からすれば、値段も三二ドルとべらぼうに安い。アメリカ最高のシャルドネのひとつとして、無二の存在である。

(二〇〇六年)

マヤカマス・ヴィンヤーズはわが心と味覚にとって特別な存在である。私の仕事そのものにおいても、どれほど繰り返し参照してきたことだろう。釈明などしない。一九六八年にボブとノニーのトラヴァース夫妻がこの高地のブドウ畑を入手し、やり遂げてきたことに、私は畏敬の念を禁じえない(ノニーは長年闘病のすえ二〇〇七年他界した)。ボブ・トラヴァースは商業的な時流に流されることなくワインを造る。最上の意味における伝統主義者である。

今日でも彼のワインを嘲笑し、あるいは無視する評論家は少なくない。要するに彼らはわかっていないのだ。マヤカマスのワインの多くは、いやほとんどが、並外れた熟成美を見せる。だがそれには軽く十年以上かかる。判定を急ぎ、時間のかかることを閑却する当節では、マヤカマスのいかめしいワインはいささか不愛想にすぎ、すぐ楽しむことができない。その極端な例が次に掲げた「ニューヨーク・サン」紙の記事で、一九七〇年産ジンファンデルを三十六年後に発売するという話には耳を疑ったものだ。

よく寝かせる

イギリスとアメリカのワイン記事の大きな違いは、その古酒の扱いにある。イギリス人が古酒を好むことはつとに知られている。いっぽうアメリカのワインライターは、古酒を論ずるのを避けようとする。ワイン賞玩の歴史が浅いせいで、稀少なヴィンテージの話が一般性をもたず、誰かをのけ者にするような決まりの悪さがあとに残るように感じられるのだ。

この一週間ほどのあいだ、不相応な本数にのぼる熟成したワインを飲みながら、その不文律のことを思い出していた。付言すると、多くの瓶はうちのセラーから出したもので、そのかぎりで無上の面白味はあったのだが。

言っておくが、こうしたワインは「古酒」ではない。むしろ「飲み頃に熟した」ものだ。その違いは、なによりもどのように姿を変えたかということに尽きる。歳月に耐えるワインは多いが、年とともに変貌を遂げ、格段に深みと響きを増すのは、真にすぐれたワインに限られる。

ある種のワイン、例えばフランスのシャブリなどは、毛虫が蝶になるほどの変身をする。だから、ヴィンテージの異なる二つのシャブリが、造り手も畑も同じ、同一のワインだとはとても信じられないことがある。でもそうなのだ。

熟成したワインを飲むチャンスは、三つの条件が揃えばかなう。適切な保管が可能な涼しい場所。ワインを寝かせておいても苦しくならない程度の資力（ワインセラーとは、換金しない小切手を集めるようなものだ）。そして強い忍耐力。最後の条件がもっときつい。

マヤカマス・ヴィンヤーズ「ナパ・マウンテン」ジンファンデルは、手に入るワインとしては、私が記事にした中でもっとも稀少なワインかもしれない。活字でのヴィンテージの記載はないが、ほんとうは一九七〇年産である。今の今まで売りに出たことがないから、「ニューヨーク・サン」紙の読者に初見参ということになる。

私はナパ・ヴァレー最古のブドウ園のひとつ、マヤカマス・ヴィンヤーズの長年のファンである。ヴィーダー山の頂上近くに最初のブドウ畑が拓かれたのが一八八九年で、ほうぼうに遺る古い石組みは今も用いられている。廃業後、一九四一年に再興し、一九六八年、現オーナーのトラヴァース夫妻が買収した。

トラヴァースは職人肌の生産者だが、最上の意味での伝統主義者である。ワインは長期熟成向きに造られ、たとえばマヤカマスのシャルドネは十年経つころにようやくさまになってきて、それからさらに熟成する（ちなみに一九七六年のシャルドネには、今なお驚くほどの新鮮味とミネラル風味がある）。

ともあれ、先日マヤカマスを訪ねたときのこと、トラヴァースが気さくに声をかけてくれた。「きみが飲んだら喜びそうなやつがあるぞ」。彼はワインライターに対し、いわゆる外れ年のワインを出すのを好む。ナパ・ヴァレーで一般に信じ込まれていることが平地から二千フィートも上ったマヤカマスにはかならずしも通用しないことを示すにはそれが良策だからだ。

あらわれたのは一九七〇年のジンファンデルの瓶で、ラベルには「ナパ・マウンテン」と、今ではもう使われない古い用語が表記されていた（三十五年前、カリフォルニアワインのラベルもまんざら悪くなかったと思える）。

さて、ジンファンデルが姿を変えるとはあまり聞かない。強烈な果実味が潑剌としているうちが身上とされるからだ。三十五年物のジンファンデルがほんとうに飲むに堪える代物なのか、怪しいばかりか、ほとんどばかげてさえいる。トラヴァースは黙っていた。

注がれたワインはおそろしく鮮やかな色で、ほのかに曇っていたものの、明るい赤紫色には熟成したしるしのオレンジ色やレンガ色もうかがえない。色だけを見れば、「へえ、十年くらい？」と言いそうになる。

しかし、その香りと味は仰天ものだった。豊満としかいいようのない、おどろくほど新鮮で精彩ある果実味は、ワイルドチェリー、イチゴ、ブラックベリーのそれのようだった。ばかりか、そこにはジンファンデル特有のスパイス風味――歳をとるとまず消えてゆくもの――がちゃんと漂っていた。

一本飲み終わるまでにその味わいはさらに深みを増した。空気に触れ、時間が経つにつれて濃度と奥行きがでてきたのである（老境のオペラ歌手に似て、古酒もかぐわしく繊美な香りを謳いあげることがある。そして突然ばらばらになり、果実味が尽き果てる）。最後に黒っぽい澱が残った。そこにもまた「甘い」といいたいほどのうまさがあった。

私はこのワインのいわれを尋ねた。トラヴァースは満足げに微笑んだ。「このジンファンデルは樹齢百年の古樹からできた。スプリングマウンテンに昔あったジェリー・ドレイパーのブドウ園の一エーカーの区画だよ」

「あの樹は幹がおそろしく太くて、化け物みたいだった。実が小さくてね。でもあの年一度しかブドウを買うことができなかった。あとで樹は引っこ抜かれたよ」

「私はこのマヤカマスでワインを造ったのだけど、少なくてね、全部で三十五ケースだった。うちの石造りの古いセラーはとても冷たい。そして、冬の寒さとか低いpH値なんかのせいで、このワインはマロラクティック発酵をしようとしなかったんだ。だからきついリンゴ酸が柔らかい乳酸に変わることがなかった。できたワインはおそろしく酸っぱかったよ。清澄はしないで、粗く濾しただけだ。瓶詰めした後はそれきり忘れてしまったね」

ようやく今、とトラヴァースが言うのだが、彼の一九七〇年産ジンファンデルは「飲める」ようになった。この言いかたは控えめすぎる。なめらかだが強壮な、新鮮さに目をみはるみごとな赤で、これほど個性豊かなジンファンデルを私は他に知らない。「自分用に少しはとってあるよ。でもまあ、飲むまでに三十五年も待ったということさ」

マヤカマスはこの「なくなっていた」ジンファンデルをようやく出荷する。ワイナリー直売で一本一〇〇ドル、ひとり六本までということだ。

一本一〇〇ドルとは小銭で買えるワインではないが、当節カリフォルニアのジンファンデルが当り前のように一本四〇ドル、七五ドルもし、しかも別に冷たい石倉で長年寝かせたわけでもないことを思ってほしい。二度とお目にかかれないワインなのは明らかだ。買えるうちに買ったほうがいい。

（二〇〇六年）

私は自分が書く『ニューヨーク・サン』紙のコラムを、内輪の友人知人に定期的に送る。そのひとりトム・フェレルはスイスの富豪ジャキ・サフラに引っ張られて、あのみごとなスプリングマウンテン・ヴィンヤーズのブドウ園に参画した。四か所の畑をまとめ上げてできたブドウ園のなかには、ジェリー・ドレイパーが一九四〇年に興した畑もあった。結局トムとジャキ・サフラは別れたが、トムの妻ヴァリは今もスプリングマウンテンで仕事をしている。

右の記事を読んだトムから返事があった。

「一九九一年、俺がドレイパー農園にサフラの気を引こうとしていたころ、ボブ・トラヴァースを口説いて一九七〇年のカベルネを一本分けてもらったりした。あれも全部ドレイパーだった。一九九六年にドレイパーの地所を買ったとき、サフラはジンファンデルに無関心で、現にそのヴィンテージは造らせようとしなかったほどだった。

「ジャキがやれというので、一九九七年に樹齢五〇年の区画を抜いてカベルネに改植した。二〇〇〇年になると、ロサンゼルスあたりの半可通に吹き込まれて、彼はヘレン・ターリーとジンファンデルを初めて知った。マット、俺はな、ジャキがドレイパーのところにジンファンデルを植えたいと言い出したとき、ほんと血管がぶち切れそうになったぜ！」〔マヤカマス・ヴィンヤーズは二〇一三年、投資家チャールズ・バンクスおよびジェイ・スコッテンスタインらに売却され、トラヴァースは引退した〕。

彼は人とは違った

二〇〇八年五月、ロバート・モンダヴィが九十四歳で亡くなった。逝去後ほどなく私は『ワイン・スペクテイター』につぎの追悼文を寄せた。

過去三十年のあいだにロバート・モンダヴィと交誼を結ぶ機会はたくさんあったが（そのワイナリーで、彼の家で、公的行事で、イタリアでばったり出くわしたときも）、私はしかるべき距離をおくほうを好んだ。あれほどのプロメテウス的人物の包容力には、どこか人を用心深くさせるところがある。ロバート・モンダヴィが自ら名祖となったワイナリーを始めたのが、五十三歳の時だったというこ とに、私はいつも畏怖の念を抱いた。私の知る多くの五十代の人びとは、飛び込むのではなく、出てゆくことを考えがちだ。それも現在の話であって、一九六六年代に戻ってのことではない。今みたいに六十歳は新五十歳だなどと騒ぎ立てなかった頃のことだ。

では、なぜモンダヴィだけが特別な人物だったのか。偉大な成功というものに共通する特性を、彼は備えていた。底知れぬ気力、大きな志、忍耐強さ、独創性、そして好機を逃さぬこと。モンダヴィは好機到来という状況を独力で作り上げることもあった。

だが、彼にはそれ以上のものがあった。ロバート・モンダヴィは帆をあげて船を進めていただけなのではない。潮流そのものを起こしたのだ。そんなことができたのは、べつに壮大な戦略に基づくものではない。おそらく彼にとって成功とは、友人、家族、ナパ・ヴァレー、カリフォルニア、いやアメリカとさえ、分かちがたいものだったのだろう。

彼がワイナリーを経営している時代、ブドウ畑の所有者が彼から冷遇されたと不平を言うのを一度も聞いたことがない。拡大をやめない彼の帝国が何百もの契約を交わすことを思えば、立派としかしいようがない。

その理由の一端は、かなり基本的な部分にある。つまりロバート・モンダヴィは「ワイン野郎」であり、「背広組」ではなかった。営業精神にあふれていたが、何よりも彼はワインそのものを北極星として航海をした。彼ほど高級ワインというものを強く信じている人に私は出会ったことがない。少なくとも大量消費市場の観点からすれば、彼は事実上、高級ワインを「発明」したのである。

「背広組」がやってきて、ゲームの駒でも動かすような考え方が伝わると、家族経営が解体に向かったのは当然であった。付言すれば、彼らはモンダヴィが何をするかということで、それをやったのである。のちに彼は、資金面の後ろ盾がピンチになり、ほかに選択肢がなかったのだと主張したが、私自身はそれを信じられなかった。むしろ、関係者ら全員がウォール街人士を気取っていたように見えた。結果自らが物語っている。

彼は高級ワインが必要であること、人を変える力さえもつことを固く信じて疑わなかったが、そうしたワインに専念してゆくほど、否が応でもテロワールという漠たる考え方を抱くようになるということが、彼にはどうしても受け入れがたかった。

「私は五十年以上この仕事をしている」。一九八七年『ワイン・スペクテイター』のインタビューで、彼は私にこう答えた。「各要因をきわめて慎重に調べた。私の見るところ、テロワールはどこかに行ってしまったね。当然さ。宣伝文句以外の何ものでもないと思うよ」

ひとことで言えば、これはばかげていた。彼はテロワールの存在を熟知していたし、さらにいえば、彼自身がナパ・ヴァレー最高のテロワールのひとつを所有していることも熟知していたからだ。すなわち一八六六年にハイラム・クラブが拓いたト・カロン（To-Kalon）のブドウ畑である。モンダヴィは、実家であるチャールズ・クリュッグ・ワイナリーから追われたとき、財産分与としてト・カロンを手に入れたくて、法廷で獅子奮迅の戦いをしたほどだ。

ト・カロンは、彼の誇りの結晶である「リザーヴ・カベルネ」の安定した卓越性をもたらす源泉であった。それでも一九八六年の「フュメ・ブラン・リザーヴ」発表まで、ト・カロンという名はラベルに載ったことがなく、事実、それがモンダヴィ初の畑名表記のあるワインだった。

モンダヴィは、ほとんどアメリカのワイン文化の発展を、超常的といってよいくらいに感得していたが、それほどの人がどうしてテロワールを退けたのか。思うに彼のように状況を自分で作り出せる腕力をもつ人には、それは限定的にすぎ、受け身にすぎた。「テロワリスト」とその細密主義は、小人国の瑣事でガリバーをしばりあげるようなものだった。彼はべつにガリバーではなかっただろうが。

あの筋金入りの世話焼きぶりでみごとな企てが生まれたのはあらためて語るまでもないが、その多くは慈善と地域振興を目的としていた。「どうして私たちがブルゴーニュでやっているみたいな慈善競売会をやっちゃいけないんだね？」。あの不思議な、甲高い声が、今も聞こえるようだ。「ここには病院もあるじゃないか」

ロバート・モンダヴィは誰ひとり信じていないときに、ひとり固く信じた。その信念には一片の皮肉も冷笑も混ざることはなく、あえて言えば策略にあふれていた。

彼がはじめたのは、アメリカのワイン文化を、包容力と気前よさ、完全を目ざす情熱と、迷いのない営業戦略という、すぐれてアメリカ的なやり方によって、創出することだった。彼がおこなった慈善活動と個人的援助（その多くはごく内密で、慎重なものだった）は、自分の成功を人と分かち合うという、包容の信念のあらわれであった。

彼が人と違ったのは、誰にもまして、あのいかにもアメリカ的な信念が、彼ロバート・モンダヴィのうちに、尽きることなく湧き出ていたことである。「未来はわが友」、そう言うとおりになった。

（二〇〇八年）

われら、よそ者

カリフォルニア、サンタクルーズ・マウンテン。カリフォルニアの富とアメリカ東海岸のそれとの違いは、カリフォルニア人が農耕による至福を追い求めることにある。彼らは大農場、とりわけブドウ畑にする土地を買う。むろん大邸宅も買うのだが、カリフォルニアという土地こそが人を引きよせるのである。文字どおり、人はここに、根をおろしてしまう。

サンタクルーズ・マウンテンのリース・ヴィンヤーズ（Rhys Vineyards）が生まれた背景には、きっとそんな衝動が働いていたであろう。サンフランシスコの南、別名シリコン・ヴァレー、サンタクララ・ヴァレーにまたがる場所で、人はこのあたりを半島《ペニンシュラ》と呼ぶ。

リース・ヴィンヤーズには、シリコン・ヴァレーのソフトウェア企業家ケヴィン・ハーヴェイの情熱と金がつぎ込まれている。「まだ六年しか経っていません」。四十歳ちょっとのハーヴェイ氏は、サンタクルーズ・マウンテンで、偉大なシャルドネとピノ・ノワールを造りたいという思いにとりつかれた。「何かを新しくはじめるときって、自分が有頂天になっている気がします」と。「妻もワインは好きです。でも、まあ、夢中になったりはしませんね」。そう言って笑う。

カリフォルニアで、ワインへの熱狂は、昨日や今日にはじまった現象ではない。最初のおこりは一世紀以上昔、サンフランシスコの莫大な富が、今は伝統になったカリフォルニア流儀でひけらかされたときだ。一八八〇年代、人びとはナパ・ヴァレーにブドウ畑の土地を買い、派手な醸造所を建築したが、そのなかにはベリンジャーやイングルヌックもあった。

サンタクルーズ・マウンテンでのワイン造りも同等に尊ばれたが、規模がちがう。当時も今もかわらないが、このあたりの海岸沿いの山地（一〇マイルも行かずに太平洋だから、いつもカモメが飛んでいる）は起伏が激しく、樹木が生い茂り、辺鄙だった。平地でおしゃれなシリコン・ヴァレーにはインテル、ヒューレット＝パッカード、アップルなどが本社を置くのに対し、サンタクルーズ・マウンテンは手つかずで、すべてを見下ろしており、両者の極端な違いには唖然とするほかない。

平地から千五百フィートもの高所の稜線を走るスカイライン・ブールヴァードを車で行くと、遮るものなしに、原初の地平が視界いっぱいに広がる。「ここはすべてペニンシュラ・オープンスペース・トラスト（ＰＯＳＴ）の所有です。土地収用権さえ持っているんですが、行使したことはないでしょう」

ＰＯＳＴは一九七七年に設立され、サン・マテオとサンタ・クララ郡に保有する土地は五万五千エーカーにのぼるが、この面積はヨセミテ渓谷の十二倍になる。半島の住宅は桁外れに高価であることを思うと、手つかずの土地がこれほどあるとは、現実離れした気になる。

とはいえリース・ヴィンヤーズの植え付けは合法だったばかりか、奨励さえされた。ハーヴェイ氏は四面のブドウ畑をもつ。ファミリー・ファーム・ヴィンヤード（二・四八ヘクタール、標高一二〇メートル）、アルパイン・ロード・ヴィンヤード（五・二ヘクタール、三六〇から四五〇メートル）、スカイライン・ヴィンヤード（一・二八ヘクタール、六九〇メートル）、ホース・ランチ・ヴィンヤード（七ヘクタール、三九〇から四五〇メートル）を私たちが訪ねたとき、私は当節ナパ郡とソノマ郡で、特に山がちな場所での土地利用紛争が絶えないことに触れた。

「私には何の問題もありませんでしたね。順風満帆でした。すべて農地区分されていましたし、それこそ整地もしませんでしたから、余計に許可をとる必要もなかったのです」

とはいえサンタクルーズ・マウンテンのブドウ畑はめずらしい。ここがカリフォルニアでも指折りの底力をもつ立地であることは、リッジ・ヴィンヤーズとマウントエデン・ヴィンヤーズのような傑出した生産者が実証している。「モンテベロ・カベルネ・ソーヴィニョン」はカリフォルニア最高のワインのひとつと定評があるし、「エステート・シャルドネ」をカリフォルニアのシャルドネの単独首位に推す評者は多い。

それでもすごい情熱に燃えたベンチャーしか来なかった。サンタクルーズ・マウンテンのブドウ栽培者協会によれば、この山地では四四〇ヘクタールしかブドウ栽培がおこなわれていない（ナパ・

ヴァレーはその三十九倍)。ブドウ畑はおおむね狭小で、八ヘクタールを超えるものは十四面しかない。

理由は単純で、何といっても採算がきついからだ。土地が高価なばかりではなく、収量の低さが致命的である。サンタクルーズ・マウンテンの造り手で、一エーカー当たり二トンのブドウを手にするものはひとりもない。多くはその半分程度にすぎない。これにひきかえナパ・ヴァレーでは四トンで低収量であり、強欲な栽培者はもっと収量を上げる。ワインの経済学からすれば、土地、灌漑、農薬、賃金といった経費はおおむね一定しているので、万事は収量しだいなのだ。

ハーヴェイ氏の情熱は、断固たる変人が集まるこの地域らしく、ピノ・ノワールにある。「私はピノ・ノワールの夢を見ます」。そういう彼は、カリフォルニアのピノ・ノワールとブルゴーニュとを、数知れず、幅広く比較試飲して倦むことがない。

彼のブドウ畑は今日のカリフォルニアの最先端をゆく考え方を実践している。二十四種になろうかというピノ・ノワールのクローンを四面の畑に植えるが、その多くを密植させた結果、単位面積当たりの株数がきわめて多い。

ブドウはビオディナミの方針にそって耕作される。これは有機栽培の極端な正統派というべき形態だが、ハーヴェイ氏によれば、ビオディナミの認証機関デメテールから、その認証を受けてはいない。

偉大なピノ・ノワールを造りだすことが目標だが、彼はシャルドネと、多くはないがシラーも植えた。「実をいえば、シャルドネの植え付けはまだ少ないと思います。うちの最初のシャルドネを飲んだ皆さんはほんとうに気に入ってくれたから、もっと多く提供できればよかったでしょうね」

そのとおりで、リース・ヴィンヤーズのシャルドネ二〇〇三年（商品としては出荷されないが）は、並外れたワインである。濃厚でミネラル風味が横溢するさまは、伝統主義者ならブルゴーニュ風と言いそうなもので、サンタクルーズ・マウンテンに育つシャルドネの一部にみられる過剰なオーク風味を免れているのが喜ばしい。発売前の二〇〇四年も同様に高い期待が持もてる。

リース・ヴィンヤーズの最初のピノ・ノワールはまだ樽に入っている。それに、まだブドウが結実しない樹もかなりある（ブドウの樹が最初の房をつけるまでに三年かかる）。

樽から試飲したピノ・ノワールはすべて二〇〇四年産だが、単に有望の域にとどまらない。それぞれ個性にあふれ、大地の香りが響きわたり、サンタクルーズ・マウンテンのピノ・ノワールに共通したスケールの大きさと長命の相がある（この山地のワインはカリフォルニア最長命の部類に入る）。

このほかに、よそから買い入れたブドウで造るピノ・ノワールとシラーがあり、アレシア（Alesia）のラベルで売られる。これほどの低収量では誰も生計を立てられないから、サンタクルーズ・マウンテンにはこうした手法が行きわたっている。そこでどこかよそからブドウ（もしくはワイン）を買い入れるのである。

アレシア銘柄のワインはたいへんすぐれていて、ことにシラーは並外れているといってよい。

言うまでもなくリース・ヴィンヤーズはまだ揺籃期にあるが、カリフォルニア最高峰のワイナリーに育つ可能性を秘めている。畑の立地がすぐれていて、オーナーの味覚も厳しく、ぶれがないからだ。偉大なワインを生むには、世界中どこであろうと、この組み合わせは不変である。（二〇〇六年）

『ニューヨーク・サン』紙の読者で、サンタクルーズ・マウンテン近郊在住のかたから、シリコン・ヴァレー上手にひろがる広大な土地の所有権者について誤解があると訂正の指摘をいただいた。「スカイライン・ヴィンヤード周辺の土地は私設団体のPOSTではなく、半島中央部保全公社という公的機関が所有管理しています。ほかの近隣地域はサンタクララ郡公園機構の一部です。半島中央部保全公社は土地収用権限を有し、これまでにも数回にわたり権利行使をしてきました」

この記事ののち、リース・ヴィンヤーズはビオディナミ農法で耕作するブドウ園としての認証を受けた。

第九章　水晶玉を覗く

識者たるもの予言をするのは当然である。何でも知っている評論家に限らず、おしなべて私たちは未来を予知したり、流行を予見したり、世の動向を読めると思い込んでいる。私も例外ではない。管見ながら長年のあいだに予言や予知をものしてきた。そのとおりになったこともあれば、戯言に終わったものもある。

ピノ・グリは次の大物

カリフォルニアのワイン生産地の早朝である。あなたはヴィクトリア朝風の小さな旅館に泊まっている。コーヒーカップを手にポーチに出て、さわやかな朝の空気を吸いこむ。あたりに生えるこぶらけのブドウの樹は、地面にねじ込んだかのような恰好をしている。時間がとまったように静寂な、不変の風景である。

いきなりチェンーソーがうなりを上げ、たゆたう静寂はずたずたに引き裂かれる。次から次へとブドウの樹が切り倒され、切り株ばかりになる。さあ、これが現実のカリフォルニアのワイン生産地だ。どんどん接ぎ木をしていく光景が見える。カリフォルニアのいたるところで、毎日おこなわれていることだ。べつにフィロキセラのせいで改植をしているのではない。

文字通り一夜にして、何エーカーもの望まれざる品種が、忠義を果たせなくなる。リースリング、ゲヴルツトラミネール、シュナン・ブランが。心得たような声が聞こえる、「ああ、カベルネやシャルドネを増やすんでしょう」。しかし、それが勘違いということもある。カリフォルニアの次代を担う「白の大物」を造ろうとしているのだ、すなわちピノ・グリを。

ピノ・グリだって？　ピノ・グリなんて聞いたことあるか？　結構、まあ今はごく少数といっておこう。だがこのブドウは名声と（栽培農家の）富を約束する。現下ではカリフォルニアには目立つほどの面積でピノ・グリは作付けされていない。が、そんなことは問題ではない。接ぎ木をすればただちに千エーカーになる。そしてたった一年で、樹いっぱいに房ができるだろう。

でもピノ・グリがほんとうにカリフォルニアの白の大物になるだろうか。さすがにちょっと言い過ぎだ。ただし市場調査はすでにおこなわれ、確信のもてる結果が出ている。どこからどうみても、とんでもない売れ行きと利益が見込める。スクープだ。

ピノ・グリはピノ・ノワールの突然変異種の白ブドウである。「グリ（gris）」という語のひびきは「フリー（free）」に重なるが、ちっともそんなことはない。ただし、カベルネは言うに及ばず、シャルドネと比べても、醸造家にすればそれこそただ乗り《フリー・ライド》である。ピノ・グリを仕込むのは、ほぼ一本道のようなものだ。ステンレスタンクで発酵させ、そのまま同じタンクに入れておき——楕円形の大樽ということもある——それから瓶詰めする。ピノ・グリにオーク風味はいらない。カベルネみたいに二年も寝かせる必要もない。収穫後たった六か月後には——長くとも一年で——レストランやワインショップに出荷できる。

肝心なのはここだ。シャルドネを好む人は、ほぼすべてがピノ・グリも好む。ピノ・グリを初めて飲めば、普通の人は「おお、こいつは鶏と豚と魚にずいぶんよく合いそうだな」と言う。これはピノ・

グリの大衆的魅力の一部である。即座に、直観的に、どんな食べ物にも合うだろうとわかってしまうのだ。ついにフリーだ！

それればかりか、みごとに熟成する。アルザスの栽培農家で、酒庫で一番古くて、今でも飲めるワインを、と頼めば、ピノ・グリが出てくるだろう。たとえばヴィオニエなどと違って、ピノ・グリは長期保存が可能である。レストランであれば、よく熟成させた古酒を、特別価格で提供できるというものだ。

だが、鋭敏な営業戦略家の知るとおり、大きな賭けをしようと思ったら、試験販売をしてみることだ。幸い好例がある。オレゴンだ。ここではアメリカで唯一、まとまった量のピノ・グリを産出する。ただし五三〇エーカーと、さほど広くはないが——一九九三年に収穫できたのはその半分にすぎない——それだけあれば、とりあえず利益率抜群の五万ケースをじゃんじゃん造り出すことができる。オレゴンのワインでこれほど迅速に売れるものはない。しかも一本最低九・九五ドルというから驚く。すぐ出荷できるオーク無用の白が一本十ドルでどっと生まれ、フランス産オーク樽で仕込んだ一本十五ドルのシャルドネよりもずっともうけがよいことを念頭に置いてほしい。

これまでオレゴンの生産者たちは自前の市場を持っていたが、それもカリフォルニアの熊たちがのっしのっしとやって来るまでのことだった。ピノ・グリに好適なものを忘れてはならない。望ましいのは、深くて肥えた土壌で、火山性または沈泥質《シルト》の粘土と、温かく乾燥した気候である。これでピンとくる場所もあるだろう。カリフォルニアにはそんな場所がいくらでもある。おそらくナパとソノマにまたがるマヤカマス山脈は理想に近い。そしてシエラネヴァダ山脈の広大な山麓地帯。メンドシーノ郡。モントレー郡のサリナス・ヴァレーやサンタバーバラのサンタマリア・ヴァレーも好適地であることを知る人は少ない。

ピノ・グリの長所を列記しよう。愛想のよい味。ヨーロッパ由来の血統。発音しやすいフランス語であること（一部の流行好きなカリフォルニアの生産者は、愚かにもイタリア名「ピノ・グリージオ」を広めようとした）、価格の安さ、そしてアメリカですでに試験販売が成功していること。

これを読むのはあなたが最初だ。カリフォルニアでピノ・グリード〔グリード（greed）は強欲の意〕の隆盛をみられる日はもうそこに来ている。

（一九九四年）

自慢めくが、ピノ・グリのことを次代の「白の大物」と吹いたことでワイン・ジャーナリストの仲間入りをした人は少なからずいる。いっぽう、私の予言もかならずしも大外れだったわけではない。しかも、公平にみても、これを書いた当時、私は半周先を走っていたといえる。今ではカリフォルニアのピノ・グリは七三〇〇エーカーを越え、一九九四年当時せいぜい数十エーカーに過ぎなかったのとは大違いである。オレゴンの作付け面積も一八〇〇エーカー以上にまで増えた。だが、次代の「白の大物」だろうか。二〇〇七年、カリフォルニアのシャルドネが九万一三四八エーカーであるのと比べると、とうてい勝負にならない。

予見できなかったことがひとつある。それは、フランス名のピノ・グリよりも、イタリア名のピノ・グリージオのほうが好まれたことだ。当世のアメリカ、とりわけレストラン業界が、すっかりイタリアにかぶれている状況に感謝せねばならない。そんな様子が二〇〇二年の『ニューヨーカー』誌のひとコマ漫画に描かれていた。レストランでワインリストを眺めている男がつれにこう言うのだ。「ぼくはシャルドネがいいんだけど、〝ピノ・グリージオ〟って呼びたいのさ」と。かつて私は、カリフォルニアの生産者がそう呼びたがるのを「ばからしい」と書いたが、これは私のほうがばかであった。

次代を担うすごい大物、シラー

今日のアメリカでもっとも楽しみなワインはシラーである。私としてはピノ・ノワールといいたいところだが、嘘はつけない。スターの座にのぼる候補はシラーをおいてほかにない。

何をいまさら、という声もあろう。シラーはとっくに来ている。確かに番付表を駆け上っている。だが私が言いたいのは、人目を引く最新注目株だからなのではなく、それがちょっとした大物だからだ。つまり――うやうやしく言おう――すごい大物だといいたいのだ。

すごい大きさ（Really Big）というカテゴリーは、ただ人気があるという尺度とは異なる。ゴルフコースや簡易宿泊所なら、すごい大きさを謳える。口紅や絵具にも使える。これからのシラーについてもまったく同じことが言える。

だが、それが実現するためには、例によってしかるべき条件がいる。

すごい大物の第一法則

先日カリフォルニアの生産者と話をしたとき、彼はシラーがたくさん植わりすぎだと心配していた。現実はその正反対である。ちっとも多くない。

・すごい大物のワインになるには、ふんだんな量がなければならない。しじゅうシラーのことを耳にすると感じるだろうか。思い返してほしい。カリフォルニアのシラー作付面積は一万六千エーカー、ワシントンでは二一〇〇エーカーしかない。

・多いと思われるかもしれないが、すごい大物たるシャルドネは九万八千エーカー、カベルネ・ソーヴィニョンは七万六千エーカー、メルロは五万二千エーカーもある。

・さらにいえば、同じ品種のワインが世界中のどこにもふんだんにあるのはよいことだ。オーストラリアに育つブドウの四〇パーセントがシラーズ（六万三千エーカー）だというのはシラーにとってまたとない好都合である。ローヌ流域のシラーは一万エーカー、ラングドック＝ルションではさらに六万二千エーカーもある。

・どうして厖大な量が重要なのか。すごい大物たらんとする品種であるからには、広く普及していなければならないからだ。そのおかげで厖大な、過剰なほどの供給が可能になる。転じてこれが第二法則にとって不可欠となる。

すごい大物の第二法則

ブドウ品種には、その頂点を極めたワインがなければならない。「究極」のワインは法外な値段をふっかけ、異常な名声と称賛を博する。ピラミッドでいえば頂点にあたる部分を占領し、現実の供給数の少なさを度外視する。

・カベルネ・ソーヴィニョンにはボルドー一級がある。シャルドネにはモンラシェ（およびその他のグランクリュ）、ピノ・ノワールにはロマネ＝コンティ（同上）、メルロにはペトリュスがある。
・「究極のワイン」は二つの役割を果たす。第一にネズミ算式の波及効果をもたらし、古典的な売り口上を生む。「シャトー・ラフィットが四〇〇ドル。うちのが一〇〇ドルなんて、ただ同然さ」
・第二に「究極のワイン」は品質を約束する。異論なく偉大だと認められてこそ、品種本来の資質が確かめられる。「究極のワイン」の一本や二本がないと、せっかく普及したブドウ品種も、普及度のゆえに掃き溜めのような価格帯にはまり、そこからぬけだせないイメージをもってしまう。シュナン・ブラン、そしてつい最近までのジンファンデルを見よ。

すごい大物の第三法則

いろいろな気象条件と土壌でもうまく育つブドウ品種であること。そして採算にあう収量をもたらす必要があるが、それはエーカーあたり三トンを意味する（ヨーロッパの用語でいえばヘクタール当たり約四〇ヘクトリットル）。その倍の収量を上げながら、それらしい品質を保持していればなおいい。
・ピノ・ノワールも広まるだろうが、すごい大物にはなれない。収量が低すぎるうえ、場所を選びすぎるからだ。

すごい大物の第四法則

ワインは「わかりやすい」ものであること。H・L・メンケンの不朽の名言をもじれば、アメリカ一般大衆の味覚はいくら見くびってもきりがないからだ（メンケンはアメリカ二十世紀初頭に活躍したジャーナリスト、エッセイスト。辛辣な筆で鳴らした。原典では味覚でなく知性）。カベルネ、シャルドネ、メルロの多くは、かなりわかりやすい。どのみちすごい大物の仲間ではないし。カベルネ、シャルドネ、メ・繊細微妙なワインは売れない。言いかえれば、色が濃く、風味と果実味あふれる親しみやすいワインである。それでもこれらのワインは、どれだけ格下になっても、その刻印をもっていなければならない（第二法則を参照）。

シラーにはこれらがすべて揃っている。世界規模の供給量は潤沢で、伸びている。その「究極のワイン」として、コート＝ロティ、エルミタージュ、オーストラリアのグランジ、ヘンチキ・ヒル・オブ・グレイスのようなシラーズがあり、カリフォルニアの新星もすぐ輝きだすだろう。シラーは冷涼地でも（ブルーベリー風の匂いがする）、温暖の地でも（なめし皮の匂いがよぎる）驚くほどよく育ち、見たところ土壌を選ばない。収量の多さは誰もが知るところである。さらに、どれほど熱烈なシラー擁護派であっても、これを繊細微妙と形容する人はいない。シラーはつねに、何があろうと、肉厚ですばらしい果実味があふれ出すワインである。間違えようがないし、そのはずもない。

シラーこそ次代を担う、ほんとうの赤の大物である。

（二〇〇三年）

これは当たると思っていた。だがその後、二〇〇三年当時の私がシラーについて考えていたことは、一九九〇年代半ばにピノ・グリについて予言したのと同じくらいの空振りに終わった。シラーは現在カリフォルニアで一万八〇八五エーカー栽培されている（二〇〇七年時点）。赤の最強のライバル、カベルネ・ソーヴィニョンの七万四六四三エーカー（同）に較べると、まあ健闘しているといったところか。

この予言のなかで肝心なのは「すごい大物」の法則だ。構造的にも、将来的にも、これらは通用しつづけると思う。

次の白のすごい大物は？

数日前ある友人に、最近私がシラーこそ次代のすごい赤の大物になるという論をぶったことを説明していたときのことだ。ワインに特段の興味のある人ではない。ていねいに聞いてくれたあと、こう言った。「よしわかった。でも、次のすごい大物の白は何だね？」

ほんとうに珍しく、私は絶句した。私は次代のすごい大物の白について考えたことがなかっただけだ。ちなみに私が作った「すごい大物」にふさわしい判別基準はつぎのようなものだ。

（a）たくさん、できれば世界中に植えつけられていて、
（b）深遠で、感動するほどスリリングだと国際的に認識されるような「てっぺんのワイン」があって、
（c）いろいろな気候と土壌でもうまく育つ品種でなければならず、
（d）そのワインは微妙すぎたり近づきにくいところがなく、「わかりやすい」ものである。

こう考えてゆくと、次代の白のすごい大物といっても、それらしい候補はあまりないことがわかる。

いや、絶賛される高名な白もたくさんある。しかし右の大物の法則をすべて満たすような白はない。シュナン・ブランか。すばらしい白ブドウだが、基準のほとんどにおいて物足りない。ソーヴィニョン・ブランはいい位置にいて、多くの地域で検討しているのだが、「てっぺんのワイン」がない。また年月を経ても「すごい大物」のようは変容ぶりを見せない。

ゲヴルツトラミネール、ミュスカ、ヴィオニエも選外。多様な気候と土壌ではうまく育たないし、そもそも多彩な極上ワインがない。同様にマルサンヌ、ルーサンヌ、トレッビアーノ、ヴェルメンティーノ、ガルガネガ、グリュナー・フェルトリナー、ピノ・グリその他の名前が思いつくほどの白もだ。

条件を満たすワインはひとつしかない。リースリングだ。

でも、誰もリースリングを欲しがらないよ、という声が聞こえる。やれやれ。たまたま今そう言われているだけのことだ。でも、「すごい大物」が売れるには、流行と採算という二面が強く関係する。現在、リースリングがかならずしも渇仰されていないのは確かだが、かつてはワインを楽しむあらゆる階層で、それこそ素人から達人までが愛したワインである。流行りすたりの問題である以上、まちがいなく風向きは変わる。

採算を見逃してはならない。「すごい大物」たるには高品質かつ収量豊富の品種がいいからだ。もしもリースリングに問題があるとすれば、それは収量が豊富すぎることだ。アルザスの強欲な生産者は、エーカー当たり七トンのブドウをやすやすと収穫する。オーストラリアではその倍の収量を上げることができる（実際そうしている）。リースリングは多産なのだ。

当然ながら、リースリングといえば誰にもドイツが思い浮かぶように、ここには五万エーカーを超えるリースリングが作付けされている。ここが偉大なリースリングの中枢であることに、いかなる国よりも極上のワインを多く生むことに、異を唱える人はいない。

だが、リースリングがよその場所でいかに成功しているかをいうことも、あまりよく認識されていない。ワシントン州は他州のどこよりもリースリングの作付が多い（約二二〇〇エーカー）。実際、シャトー・セント・ミッチェルが毎年六十万ケース売る「ヨハニスベルグ・リースリング」は、アメリカ市場で首位を占める。

カリフォルニアはかつてリースリングの牙城だった。二十年前、作付面積は一万一エーカー以上あったが、今でも力強くすぐれたリースリングをかなり産んでいる。ナパ・ヴァレーのトレフェッセン・ヴィンヤードとメンドシーノ郡アンダーソン・ヴァレーのナヴァロ・ヴィンヤーズは、ともに熱いリースリングの信奉者で、作付けも多く、ワインはとにかく旨い。カリフォルニアでリースリングの成功した場所は多いが、その中でもモントレー郡、サンタバーバラ郡をあげておこう。

次はオーストラリアだ。オーストラリアでリースリングを思い浮かべるワイン好きがどれだけいるか定かでないが、アデレードの北、クレア・ヴァレーの上級品を一度飲んでみれば、オーストラリアのリースリングが抜群であることがわかる（しかもクレア・ヴァレーのリースリング生産者の総意でスクリューキャップを採用していることは限りない賞賛に値する。おみごと、と言いたい。

言うまでもなくオーストリアはすぐれたリースリングで名高い（ただし、同国でもっとも多い品種はなぜかグリューナー・フェルトリナーである）。

締めはフランスのアルザス地方で、ここで造られるのは、今も世界最高の辛口リースリングである。アルザスは名実ともにその指標であり続けている。数十名がひしめく中から、たとえばトリンバックのような造り手の、十年から十五年ほど寝かせたリースリングを試せば、アルザスが辛口リースリングの本家本元だと了解できる。

現時点で、リースリングに賭けようという人は誰もいない。「ねえ、リースリングをちょっと植えないか。この次のすごい大物になりそうだし」。もしもこんなことを言えば、グランクリュの間抜けに格付けされてしまうだろう。

それでもリースリングのように諸条件を満たす白ブドウは他にない。唯一可能性のある選択肢はこれだ。

（二〇〇三年）

次のすごい大物の白をリースリングとする私の予言について、統計的な証拠が要るとしても、それは私にはわからない。だが、確信もあるし変える気もない。それはさておき、リースリングはほんとうにすばらしく、次代の白の大物になってしかるべきである。

第十章　ワインの小咄

「ワインの小咄」と題したのは故フランク・スクーンメイカーを讃える気持ちからである。一九四一年、彼はトム・マーヴェルとの共著で *American Wine*「アメリカのワイン」を書き、その第一章「ワインの小咄（Wine Hokum）」において、これを「飲んだことのないワインについて知りうるすべてのことがら」と定義した。

スクーンメイカーとマーヴェルは「小咄病の罹病者」と診断したうえで、患者は「ワインがあると落ち着かない徴候を示し、知ったかぶりや上流気取りの熱が上昇してゆく」とした。治療法？「ワインが日常ふんだんに楽しまれるところでは、小咄は治まり、快癒する」

不遇な貧乏人もいればにわか成金もいるように、ワインの小咄はあまりに身近なもので、どこからどこまでが当てずっぽうなのか判らず、果ては人に迷惑がかかる。それでもワインライターたるもの、ここに打って出なければならないときもある。

ワインは芸術にあらず

最近、また例のワインにまつわる論争に巻き込まれた。正直に言うが、私はたいていこの手のことを避けようとしている（それがどんな調子か知りたければ、何でもいいからネットでワインの掲示板を見てみればいい）。

論争は、とあるイベントで、あるワイン生産者とのあいだに起こった。それは生産者が「すぐれたワインは芸術作品です」と断言したことに端を発する。私は極力おだやかに、自然がひとりでにワインを造りだしたりしないことには同感ですし、（お酢《ビネガー》ならいざしらず）高級ワインはなおさらですね、と述べた。そして、すぐれたワインは耕作面でも醸造面でも、すぐれた生産品の域を出ません、と続けた。

ここでやめておけば議論も友好裡に終わったのかもしれない。だが私はもう一歩踏み込んでしまった。ぎょっとした人もいただろうが、ワイン造りおよびその帰結たるワインが芸術だというのは自己讃美ですよ、と申し上げたのである。これがどう受け止められたかはご想像に任せる。

自己讃美という言葉が急所攻撃だったことは認める。だがほんとうのことだ。もしもワイン生産者が、世の人々、とりわけ顧客層から芸術家とみなされるようになったら、どのようになるかは自明である。その収入はあがり、造り手としてワインに「アート」並みの値付けをするようになるだろう。それが何を意味するかは言うまでもない。

では、優れたワインはなぜ芸術でないのか。答えは単純きわまりない。芸術は何かを創りあげることだが、ワイン造りはものごとに手を添えてゆくことだからだ。芸術家とワイン生産者との大きな違いは、前者が白紙からはじめるのに対し、後者はその対極の仕事をすることだ。すなわち、ブドウが醸造所に届くとき、すべてはそこに内在している。おやつがぎっしりつまったピニャータは叩き割られるばかりである［ピニャータは中南米のお祭りで用いられるくす玉のようなもの。なかにぎっしりお菓子が詰めてあり、子供たちが叩き割る］。

それが入念な手仕事であるのは言うまでもない。だが、芸術家が文字どおり虚空から何ものかを感受するとき、世のいかなるワイン生産者もそんな真似はできない。

たとえば私がワイン界の女傑と仰ぐラルー・ビーズ＝ルロワはヴォーヌ＝ロマネの旧ドメーヌ・シャルル・ノエラを買い、ここをドメーヌ・ルロワに変貌させたが、その壮麗なワインを何もないところから創りあげたのではない。すべては聖別された土地とブドウの古樹に、彼女が手に入れたリシュブールとロマネ＝サン・ヴィヴァンの区画に、宿っていたのである。彼女が無から何かを創作したのではない。まるきり逆である。

すぐれたワインは創作品ではない。純化の帰結である。さもなければ、人はシャトー・ラフィット＝ロトシルトとかラ・ターシュといったワインの傑作を「創りあげている」ことになってしまう。比類がなく、真似しようのない、高価なワインを。偽造を別として、そんなことを誰にもやりようがないではないか。

人がそうしないのは、できないからだ。これこそすぐれたワインが芸術作品と異なるゆえんである。それは立地の独自性をもたらす全ての力がこぞって産み出すものだ。偉大な造り手とは、ワイン造りに深く通じた専門家にほかならず、適切なブドウ樹を植え、ぬかりなく栽培し、理想的なタイミングで収穫をおこなって、ある立地がもたらしうるかぎりのものを受けとり、醸造所では、発酵する果汁を熟練の技で世話する人である（このうち収穫のタイミングは、過熟好みの今日の生産者や批評家のせいで一定しない）。

どれも一筋縄でいくことではないから、とうていこれらを軽んずることなどできない。でも、芸術か？　それはない。詩人のE・E・カミングスはいみじくも「作られた世界は生まれた世界じゃない」といった。ワインもまたグランド・キャニオンと変わらぬ白地のカンバスである。

どうしてこの区別にこだわるのかというと、抽象的な話だが、もしも造り手と愛好家とがワインを「芸術」と見なすならば、ブドウがその立地を表現し、人がそこに思いを寄せる、というワインと人との本質的なつながりが、切断されてしまうからだ。造り手が「芸術家」であるならば、その人は芸術家の本分にもとづいて、ワインを個の世界観に合わせたものに変えることができるし、またそうすべきだが、そのときワインは、場所を表わしたに「すぎないもの」とは別物になってしまうだろう。

とはいえ比類ないワイン造りを、芸術ではなく卓越した手仕事とみるならば、人がそこに期待するものは、微妙ではあるが本質的に変わってくる。芸術が白紙状態に個の世界観を大書するものだとすれば、手仕事の概念はもっと異質なものだ。子育てのように、すでにほとんどできあがっている存在を、守りかしずくことに似ている。その目標は、生得のものを純化させたり、伸ばしてやることだ。両親がこれと違うことをやったらどうなるか、考えてみてほしい。

ワインも同じことだ。今日、あらゆる技術上の脱構築と再構築が多くのワイナリーで生じているが、これらはとりわけ最上級、というか最高価ワインで顕著である。芸術家を自認する人びとは、他人にもそう信じさせたいであろう。それがうまくいけば、どういう辛い結末になるか、つまり誰がそれを支払うことになるかは目に見えている。

（二〇〇八年）

『モンドヴィーノ』で見えない世界

一年ほど前のこと、今日ニューヨークで封切られたワインのドキュメンタリー『モンドヴィーノ』制作者のジョナサン・ノシターから接触を受けた。今度発表する映画に出演してくれないかとさんざん頼まれたのだが、私はノシター氏の名を聞いたことがなく、会ったこともなかった。だが、そのドキュメンタリーの説明を聞いて、なにかまずい臭いがした。で、私は丁重にお断りした。その後、彼は再び私に協力を求めてきたが、同じことだった。

結局、内輪の上映会で『モンドヴィーノ』を見る機会を得たのだが、私はピストルの弾をよけて肝を冷やしたような思いで、深い溜息をついていた。ドキュメンタリーと称してはいるものの、それどころではない代物である。いや、『モンドヴィーノ』は扇動宣伝そのもので、意図して人を欺く反グローバリズムのプロパガンダであり、その非情さも「グリーンピース」がアザラシの赤ちゃんの撲殺を放映するようになって以来のものだ。

四十三歳のノシター氏は、ニューヨークとパリでウェイターとソムリエをしていたが、他のドキュメンタリーも制作していた。ニューヨーク・タイムズの海外特派員だった故バーナード・ノシターを父にもつ。父の逍遥学派的な仕事のおかげでノシター氏はうらましいほど語学に長け、『モンドヴィーノ』でも、フランス語、イタリア語、スペイン語、英語でインタビューをおこない、その才を披歴する。

『モンドヴィーノ』は、魂を失ったグローバリストのワイン権力者らの弱点を暴き立てようとする意図から、ロバート・モンダヴィのワイナリーや評論家のロバート・パーカー、世界を股にかけたフランス人醸造コンサルタント、ミシェル・ロランらを登場させるが、ロランに至っては、映画の中で、胸くそ悪い金の亡者に描かれるありさまだ。それとは反対に、ノシター氏はフランス、南米、イタリアの生産者をあれこれ登場させ、脅かされつつも、いとも魂あふれる、ワインの「真人間」らしく描写する。

問題は、つたないワイン人の発するこうした声が、じつはそんなものではなく、しかもノシター氏なら当然それを知っているはずだ、ということである。たとえば冒頭に登場するユベール・ド・モンティーユは、ブルゴーニュの栽培農家ながら、面白くて理路整然とした物言いで、物語的な栽培農家の発言にはうってつけである。くわしく知らない観客、つまりほとんどの人は、ド・モンティーユ氏は、ドキュメンタリーに描かれたとおりの、爪が泥まみれの、正真正銘のブルゴーニュのブドウ農家であると容易に信じ込む。ところが彼はそんな人ではない。

ド・モンティーユ氏は確かにヴォルネの村でワインを造っている。だが、彼はノシター氏が信じさせたがっているような農民ではない。それどころかド・モンティーユ氏はブルゴーニュ地方で誰ひとり知らぬ者のない弁護士で、ディジョンで大成功を収めてきた人である。彼が「土地の人」なんかでないことは、ジョージ・W・ブッシュ〔第四十三代アメリカ合衆国大統領。元テキサス州知事〕がカウボーイでないのと同じである。なのに『モンドヴィーノ』では、ブルゴーニュの優しい爺さんが、ヴォルネとポマールのわずかな畑であくせく働いてかつがつ生計を立てているようにしか見えない。

こうした欺瞞は映画の全編を通じて見え隠れし、さながら〔ロシア皇帝の視察前に張りぼてで作ったという〕ポチョムキン村の映画版である。観たとおりのものはほとんどない。ノシター氏が嫌うボルドーとトスカーナの生産者は、あからさまに、いわれなきナチスへの協力やムッソリーニとの関係について尋ねられていたが、そんなテーマはこの映画と何の関係もない。それはインタビューを受けた人々に嫌な思いをさせるための悪意に満ちている。「いい奴ら」がそんな歴史問題をぶつけられることはない。

さりげなく、露骨に、「悪い奴ら」──金満生産者、コンサルタント、グローバリストたち──が醜悪に見えるような仕掛けにもこと欠かない。彼らはしばしば大写しにされるおかげで、いわれなき悪相を呈している。カメラワークはそれこそブレまくり。ノシター氏から聞かされたが、尻に装着した小型カメラを使うと、人はあまり自分を意識しなくなるのだという。それによって、人は進行中のインタビューを覗き見するような感覚に襲われる。

いい奴らはいつもブドウ畑にいるところが映され、悪い奴らはオフィスにいるか高級車に乗り降りしている。いい奴らはとにかく農民なのだと暗示したいのだろうが、ド・モンティーユ氏の例を見てもそれは笑止千万だし、もうひとりの登場人物、南仏アニアーヌの町でマス・ド・ドーマス・ガサックのワイナリーを営むエメ・ギベールにしても同じである。

ギベール氏はロバート・モンダヴィが彼の村にブドウ畑を拓き、ワイナリーを造ることに──つまり競合が生ずることに──反対する急先鋒だった。大手生産者とワインのコンサルタントを攻撃していても、ギベール氏が自らの広大なワイナリー（彼の作付面積は九九エーカー、約四〇ヘクタールある）を見せることはなく、ワイナリー設立当初、自分がコンサルタントの世話になったことには何も触れていない。
かくのごとく話は進む、耐えがたいほどゆっくりと。『モンドヴィーノ』は二時間超に及ぶ予謀悪意の実地演習である。もしもこの苦いお茶がお口に合うというのなら、ノシター氏が十篇からなるＤＶＤシリーズを発売予定だと聞いて喜ばれることだろう。それは『モンドヴィーノ』に用いなかった数百時間分の収録を再利用したものである。

（二〇〇五年）

自家栽培の謎

二十世紀のもやが晴れようとするとき、この世紀のワインの最重大事件は生産者元詰めであったと言って差し支えないだろう。それは革命だった。今でこそ当たり前すぎて重大事でもないように見える。ラベルに生産者の名前がしっかり結びついていれば、それは元詰めワインだとみなす。だがちょっと待ってほしい。

うまいことやるなあ、という話がある。生産者の元詰めにしか見えない多くのワインが、実はそうではなかったのだ。えっ、ラベルは栽培農家の名前なのだから、そこで育てたブドウでできたワインなんでしょう、と、誰もが無邪気に思い込む。

私たちは、生産者自身が栽培したブドウと買ってきたブドウとでは雲泥の差があることを知っている。彼らがそう言っていたではないか。だからこそ抜け目ない買付人は一流の栽培農家の元詰めワインに血まなこになる。一種の保険である。

ブルゴーニュはまさにそういう場所である。それでも一見すると「生産者元詰め」としか見えないワインが増えつづけている。たとえばドメーヌ・ジャン゠マルク・ボワイヨ。実はかならずしもそのすべてがドメーヌ元詰めではない。ドメーヌ物であれば Mis en boutille par J.M.Boillot, Propriétaire à Pommard（ポマールの土地所有者Ｊ・Ｍ・ボワイヨにより瓶詰め）と書いてある。だが、買いブドウのワインは Mis en boutille par J.M.Boillot, Pommard, Côte d'Or（コート・ドール県ポマールのＪ・Ｍ・ボワイヨにより瓶詰め）と表示される。

わかった？　これ以外、両者のラベルは同一に見える。いやはや、ボワイヨが育てたブドウなのか、買ったブドウなのかを見分けるのに、裏事情に通じなければならないとは。

名高いエティエンヌ・ソゼも同様で、このドメーヌは自作のブドウを傘下のネゴシアン会社に売り、また会社のほうもブドウやワインを買い付けて、好きなだけ生産量を増やすことができる。由緒正しく感動的なドメーヌ物はいったいどちらだろうか。買い付けてきたやつはどちらだろうか。どのラベルにも Mis en boutille par Etienne Sauzet（エティエンヌ・ソゼにて瓶詰め）と書いてある以上、ラベルで判別することはできない。

こうした例と、多くの類品には、ドメーヌの高尚なイメージがうかがえる。ラベル表記法上の表記も正しいといえば正しい。しかし、それで引っかかる人もいるはずだ。奥様が如才なくて、料理が手作りなのか、店から仕入れたのかをどうにも見分けられないように。

アメリカでもたいして違いはない。カリフォルニアにオークヴィルとかドライ・クリーク・ヴァレーといった呼称地区がある。至極当然に、瓶の中のワインはラベルに書かれた産地のものと思うだろう。それは思い過ごしだ。法律では、呼称地区のワインは八五パーセント入っているだけでいいからだ。おいしい話ではないか。中身の全部がその産地のものでなくても地名の名声にあずかれるとは。では、そこにどれほどの違いがあるだろうか。

まずボルドー型の瓶を思い浮かべよう。つぎに、それが二分の一カップ分ほど減っていて、オークション用語の「ロー・ショルダー」という液面だとしよう。さて、買ったばかりの呼称地区名の高値のワインが、フレズノあたりの安酒で補填されるとしたら、どんな気がするだろう。しょせんカップ半分のことさ、でいいのだろうか。四オンスに、たとえば一万ケース分の数をかけると、なんと、ワイン一万八九二六本分となる。一本五〇ドルとすると……すぐ答えが出る。

Produced and Bottled by…（～により生産ならびに瓶詰め）の語句はどうだろうか。多くのワイナリー（それも小さめの）がもっとも普通に用いる表記かもしれない。いかにも裏表がないような感じがするが、じつはそうではない。三分の二だけそのワインを造れば、堂々と胸を張って「生産ならびに瓶詰め」を謳うことができる。残りの部分はバルク売りのワインでよく、それがふつうである。

Vinted and Bottled by…（～により製造ならびに瓶詰め）はさらに胡散臭い。それこそ何の意味も持たない。できあがったワインをバルクで仕入れ、瓶詰めすれば、高らかに Vinted and Bottled と書いてよいからだ。

近年、生産者はますます「栽培農家らしいイメージ」を元手にすることに余念がない。私たちが欲するのは、造り手が育てたブドウだけから生まれるワインだが、彼らが売りたいのはイメージであり、その派生源たる真正品ではないから、両者の線引きは曖昧になる。

いちばんまずいのは、自家栽培のブドウですべてのワインを仕込んでいる正真正銘の栽培農家が、自らの立ち位置を鮮明にできずに苦労することだ。

今もしも私がそんな立場だったら。背ラベルに事実ありのままを、精いっぱい特筆大書する。そこにはこう書きたい、「このワインは一〇〇パーセント、私が栽培し、醸造し、瓶詰めしたもので、すべて表記の呼称地区の産です」と。表ラベルはこうしたことを明示してしかるべきだが、現実はそうではない。


（一九九九年）

十年前にこれを書いたときから今にいたるまで、たったひとことの変更を要する事態も生じていない。余談だが、一本五〇ドルで一万八九二六本とすると、九四万六三〇〇ドルになる。

ブショネでも平気ですか

ワインを持ち込んでくれたのは、まことに気前のいい人物であった。ところが彼は最悪についていなかった。レストランのせいでも、ワインのせいでもなく、特定すればコルクのせいであった。

ワインを持ってきた主客が最初に開けたのは一九八五年ドン・ペリニョンのロゼ、マグナム瓶だった（買値五〇〇ドル）。ワインが注がれると、すぐにいけないことがわかった。

さてこういうとき、社交上たいへん興味深いジレンマが生ずる。ブショネが疑われるどころか明らかなワインを、誰かが自分に注ごうとしたら、何と言ったらよいものか。私は誰かが、とりわけ主客がどんな感想をもらすか注視していた。誰も、何も言わなかった。

これがワインが重きをなさない食卓でのことなら私も何も言うまい。だがその日はワインきちがいが集まっていた。で、私はおそるおそる言うことにした。

「一九八五年のドン・ペリニョンはよく知らないのですが（これは事実である）、こんな匂いがするものでしょうか」

同席者のひとりがわずかに笑みを浮かべて応じた「まあ、ほんとはこうではないね。ちょっぴりブショネかと思います」。臭いの正体がわかった。ホストはもう一度嗅ぐと肩をすくめ、「ほんとだ」と言った。

私は彼にすまなく思った。五〇〇ドルが流しに消えた。何年もこの瓶を寝かせ、特別な日に開けようと待ち設けていたのに。あなたならどうしたい？　モエ＆シャンドンに電話して、別の瓶をよこせというか？　それはないだろう。

だが待て、この話にはその上というか下があった。ついていない主客は一九九九年のリシュブールを引っぱりだしてきた（同七〇〇ドル）。ワインはまず彼に注がれた。ひと嗅ぎで顔をゆがめ、ソムリエに言って下げさせてしまった。私はそのグラスに手を伸ばし、味見してみた。ワインはブショネで、それもかすかではなく、おそろしく、紛れもなくブショネであった。私は泣きたくなったが、彼は法外な賭金のポーカーにおける優雅な敗者さながらであった。瓶を返品したらどうですと申し上げると、ヨーロッパで買ったからとのこと。フランス人なら「お気の毒《タンピ》」と言うだろう。

しかし、ワインを買った場所の話は論点を曖昧にする。そもそもすでに臭いのついたワインが醸造所から出てきてはならないのだ。ここで私たちは倫理上の面倒な争点にぶつかる。欠陥があるとわかっている製品を売るのは道義上認められるか、ということだ。

これこそがここで議論しようとしていることだ。つまり、ブショネのワインについてである。だから私たち自身を責めるのはやめよう。そもそもコルクを採用しているワイナリーであれば、およそ三ないし五パーセントの割合で出荷するワインに欠陥があることをわきまえている。その割合を詮議するのは勝手だが、コルクを打ち込んだワインであれば、とうていブショネを免れない、という事実にかわりはない。

それに私は、「八方手を尽くして最高のコルクを仕入れております」という断定を耳にたこができるほど聞いたが、こんな言葉はちっとも自己赦免になっていない。ドメーヌ・ド・ラ・ロマネ＝コンティ（DRC）がコルクの品質にこだわり抜いていると思えるだろうか。それはなさそうだ。

ワインの生産者は、コルクで封をするほかに頼るすべがないのであれば、世の中そういうものだと潔く認めればよい。しかし、ここでそれをやらないでほしい。造り手は「こうした合成コルクやスクリューキャップがどれほどのあいだ持ちこたえられるのか、判らないんですよ」と言って伝統主義の隠れみのをかぶってしまう。

現実には、スクリューキャップが相当長持ちすることは知られているが、一九七〇年代初頭の初期のものに遡ると、薄膜が多層になった今日のものと違って、紙とコルクの内張りという頼りない代物であった。合成コルクについては、なお評決は厳しいが、単に有望の域にとどまってはいない。

重要なのは、代替品があるということだ。世間ではコルクの勝ちとされているが、コルクはワインを損なうおそれがあり、それは現実に起きている。

世界中の造り手が、何ら選択肢を示してくれないことで、生産者への不満は募るばかりだが、私はここにDRCやボルドー一級シャトーといった伝統主義に依拠する造り手も加えたい。彼らは楽々と先物で前払いさせていながら、結局全リスクを負うのは私たちである。

もしも、あなたが販売する商品の三ないし五パーセントがかならず欠陥品だと判っていたら、鏡で自分の顔を正視したとき、気楽に口笛を吹いたりできようか。

そんなことに堪えられない、と考える造り手は増えている。パソロブレス（Paso Robles）のダークスターー・セラーズもそのひとりだ。ここの合成コルクのひとつひとつにはこう記されている。「この合成コルクはやむを得ず用いているものです……（中略）……昨年、天然コルクのせいで弊社は八千ドル分のワインの返品を受けました。販売店は許容できても、弊社には許容できなかったのです」

世の生産者のみなさん、それで平気ですか？

（二〇〇三年）

コルク臭がついたワインにまつわる議論、あるいは恨みつらみはいずれにせよ増えている。合成コルクは実験室のテストでは、瓶詰めして一、二年後あまり有効な密封法でないことが判った。スクリューキャップのほうは、造り手にも消費者にも受け入れられつつあるようだが、どちらの側にも依然として抵抗感はある。

『ワイン・スペクテイター』誌の寄稿者ジェームズ・ローブが二〇〇八年に書いたレポートは

注目に値する。四二九五本のカリフォルニアワインのうち、大半がリリース直後だったのに、三三八本がいわゆるブショネであった。その比率は九パーセントで、通常言われる三ないし五パーセントを大きく上回る。

味覚上の被害にとどまらず、財政面でも耐えがたいのは、一本二〇〇ドル以上のワインの欠陥率が十二・五パーセントであることだ。一〇〇ないし二〇〇ドルでは一三・八パーセントとなり、五〇ないし九九ドルの価格帯では一〇・八パーセント。

安いワインではどうか。二〇ドル以下の九〇五本では不良品率はわずかに五・三パーセントだった。

第十一章　ワインと言葉

ワインを沈黙して飲むのは不可能に思える。人が口に入れるもののなかでも、なぜかワインは大量の言語を要する。ビールやオレンジジュースについて、ワインと同じくらい言葉が費やされているのを目にすることはなかろう。どちらもワインとは比べものにならぬ莫大な量が消費されるのに。料理にしても、いくら立派で洗練されていようと、ワインほど言葉の矢面に立たされることはない。

今日のワイン界にあまねく評点のほうが好きだという声もあろう。しかし言葉はやはり君臨している。評点をつけるだけつけて、トラピスト会の修道士みたいにひとことも発さず、それでよしとしているワイン評論家など、私はひとりも知らない。今日、ワイン愛好家は言葉の酔っ払いである。その最たるものがインターネット上で花盛りの個人ブログだ。

ワイン版『悪魔の辞典』

よく言われることだが、アメリカ人は珍しいくらい真面目である。それはあくなき自己修養の探究心のなせるわざだという人もいる。そうかもしれない。だが、私たちはそんな堅物でもない。たとえば、なぜか忘れ去られているが、アンブロワーズ・ビアスという人がいる。機知にあふれるユーモリスト、ジャーナリストで、ときに苦い笑いを放ち、十九世紀末頃、広く人気があった。

ビアスの傑作のひとつが『悪魔の辞典』で、初版発行は一九〇六年。この本でビアスの辛辣な筆は冴えわたる。たとえば「骰子《さいころ》 名詞。点々を打った象牙製の小立方体。どっちにころんでも嘘しか言わない弁護士と仕組みは似ているが、たいてい悪いほうばかりが出る」

弁護士をたねにしたジョークはまだ新しかった。

ビアスはワインも好んだ。たとえばこんな愉快な見出しもある。「ギース（ガチョウ） 名詞。禁酒主義者の複数形」

晩年（といってもビアスの場合は謎に包まれており、一九一三年のクリスマス後、パンチョ・ヴィリャ軍に同行してメキシコに発ち、その後行方不明となった）、彼は「甘口よりも辛口のワインを好み、情緒よりも感性を、ユーモアよりもウィットを、スラングよりも明晰な英語を好む開明的な精神」そのものであった。

ビアスのことを心に留めつつ——いい勝負をしようなどとは毛頭思っていない——ビアスの悪魔的主題の改作「悪魔のワイン辞典」をお届けする。

・**通人 Connoisseur**　人が支払いをしてくれるワインを味わう人。
・**ソムリエ Wine Steward**　これから支払いをしてもらうワインを味わう人。
・**タストヴァン Tastevin**　発音不能の小さな金物で、ソムリエと皿洗いを区別するもの。
・**輸出業者 Wine Shipper**　ブドウ畑をもたないワイン製造業者。
・**マスター・ブレンダー Master Blender**　すぐれたブドウをもたない製造業者。ワイン・ライターを接待しつけている輸出業者に雇われるのが常。

・**ワイン・ライター Wine Writer**　狼の皮を着た羊。

・**ワイン・コラムニスト Wine Columnist**　ウルヴァリンの皮を着た羊〔ウルヴァリンはイタチ科クズリ目の哺乳動物。和名クズリ。極めて凶暴で知られる〕。

・**評点評価法 Scoring System**　わざわざ言葉にしなくても自分の意見が言える方法。

・**ブラインドテイスティング Blind Tasting**　達人に実はそうではないと自白させる手法で、スペイン異端審問時代に完成した。

・**ワイン・エキスパート Wine Expert**　うまくブラインドテイスティングを免れた人。

・**マスター・オブ・ワイン Master of Wine**　英国の高校に相当する課程。アメリカではミスター・グッドレンチ〔ゼネラルモータースの車両修理点検プログラムのこと〕の修了証に相当する。

・**マスター・ソムリエ Master Sommelier**　仕入れ値の三倍でワインを売りつけ、感謝を期待する人。

・**ワイン・オークション Wine Auction**　田舎者を、金持ちと貧乏人とにふるい分ける自由市場の装置。

・**ワイン・オークショナー Wine Auctioner**　狼の皮を着た狼。

・**ワイン・コレクター Wine Collector**　ボルドーの木箱の隣で写真を撮ってもらう人。

・**本格的ワイン・コレクター Serious Wine Collector**　ダブルマグナムの瓶を並べて写真を撮ってもらう人。

・**収集用 Collectible**　競売人がコレクターと決めた相手に売りつけることのできる物品全般。

・シャンパーニュ **Champagne**　炭酸ガスが入っていないと飲めないワインを黄金に変えることに成

功した錬金術工程の商標名。

・**新樽 New Oak**　ワインにおいて、どんな条件でもうまく乗り切ること。

・**シャルドネ Chardonnay**　誰にも気づかれずに新樽にワインを注ぎ足すこと。

・**A V A**　Anybody's Variation Accepted.（誰の変異種でも認可します）の略記。Ameican Approved Viticultural Area（アメリカ政府ブドウ栽培地域）の略記と誤用される。

・**先物ワイン Wine Future**　瓶に入っていない新酒。

・**未入荷品案内 Pre-Arrival Offering**　面白味のないワインを魅力満点に思わせる手法。

・**低収量 Low Yield**　うちの畑でできるブドウ。

・**高収量 High Yield**　よその畑でできるブドウ。

・**醸造コンサルタント Consulting Oenologist**　ワイナリーのオーナーから金を抜きとる手品で、スリを働きながらオーナーに富をもたらすと思い込ませる技。初出はかつての銀行強盗ウィリー・サットンの言葉「醸造コンサルタントとしてワイナリーを襲うのは、そこに金があるからさ」である〔稀代の銀行強盗ウィリー・サットンは「銀行を襲うのは、そこに金があるからさ」と言った〕。

・**享楽的 Hedonistic**　ワインのテイスティング用語で、評者の口には合うがうまく説明できないワインについて用いられる（評点評価法の項を参照）。常に「肉感的」「クリーミー」「スキン・コンタクト」などの語と接続して用いられる。学識者の世界では、ハリウッドの映画監督の名にちなむラス・マイヤー学派の美学とされる〔ラス・マイヤー（一九二二〜二〇〇四）は一九五〇〜一九七〇年代に活躍した巨乳至上主義のポルノ映画監督・製作者〕。

・グ・ド・テロワール Gout de Terroir〔テロワールの味〕「コルク臭」のフランス語。
・ヴィーノ・ダ・ターヴォラ Vino da Tavola「新樽」のイタリア語（シャルドネの項を参照）。
・無濾過 Unfiltered アメリカでは「リスクはお客様にご負担願います」の意味。
・オスピス・ド・ボーヌ Hospices de Beaune ブルゴーニュ方言で「やぁい、ひっかかったぁ」の意味。
・テロワール Terroir「出生地」を意味するフランス語。父系は立証困難だが否認できない。すぐれた舞踏と同様、目で見たときのみ実感できる。アメリカではしばしば新樽と混用され、英国ではフリーランチ（free lunch）〔努力なしに得られるものの意〕と混用される。
・その場所らしさ Somewhereness ワインのテイスティング用語で、評者の口に合うがうまく説明できない時に用いられる（享楽的の項を参照）。
・メリタージュ Meritage 消費者保護のラベル表記用語。一〇ドル程度のブレンドワインで客から二〇ドルせしめようとしている印〔メリタージュはボルドーのブドウ品種でブレンドされたカリフォルニアワインで、生産者が任意の名称をつけることができるカテゴリー〕。
（一九九五年）

堅いのはだめですか

「このワイン、堅い」。試飲した人がこう言うと、つい耳をそばだてる。「良い意味ではなくてね」。他の人も賛成してうなずく。自明ではあるが、「堅さ」を叩くのは、それが売り物にならないと言っているのでないことに注意を要する。それでもワインの「堅さ」は望ましくないとされ、欠点でさえある。

発言があったのは、ナパ・ヴァレーでのブラインド試飲会のことで、卓上にはナパを代表する二十四本のカベルネと、極上のボルドーが並んでいた。そこいらのお手軽な集まりではない。集った男女は博識、練達の人々で、文字どおりプロであった。

驚いたというよりあんぐり口を開けてしまったのは、「堅い」という形容が、まるで早撃ちゲームでのクリケットのボールみたいにめった打ちにされていたからだ。さながら自明すぎて議論のもちあがる余地はないかのようだ。

いったい、どうしてナパ・ヴァレーのカベルネは、みんなこんな味になってしまったのだろうか。完熟（というか過熟）し、豊満（というか肉感的、いやムチムチ）で、角というものがまったく見当たらない味に。堅さが非難の的になったのは、いつのことからだろうか。しかもなぜ？

推測だが、堅さが時流に遅れ、試飲の場で否定的用語となったのは、一九九〇年代であったろう。当時ナパのカベルネは格段に濃厚《リッチ》になり、ワイナリーの経営者もそのせいでぐんと豊か《リッチ》になっていたから。

そのわけを考えれば、誰もが似たようなことに思い当たる。世は挙げて「引き締まっている」よりも「熟した」味わいを好み、「細部まで明確」より「果実味の厚み」を、「長期熟成」よりも「すぐ飲める」ことを求めてやまないからだ。これは何もナパ・ヴァレーに限った話ではない。長年のボルドー愛好家なら気づいているが、赤はアルコールが低めであったのが、およそ「角」をもたない、完熟した、果実味の厚いワインに変わった。

もはやこうしたことに言葉を費やすには及ばないのかもしれない。とはいうものの、ワインと言葉とが今日ほど絡み合っている時代も過去にはなかったろう。これほど数多くのワインについて、個別に多言が費やされた（と言うかワインが主題に据えられた）ことはかつてなかった。皮肉にも、今日私たちは、ワインそのものでなく、言葉によって浮かされている。各社が仕掛ける先物売りを見ればわかる。

しかしなぜ、堅さがやり玉に挙げられるのか？　あるワインを「堅い」と評するとき、その否定的な意味合いが了解されているのだとしたら、これを味わう私たち自身は、何を物語るのだろうか。

これを聞いたとき、私はネルソン・リドルのことを思い出した。フランク・シナトラの傑作のレコーディングに功のあった偉大な編曲家は、シナトラの歌唱についてこう語っている。「彼本来の歌声には興味がなかった」これは一九四〇年代、シナトラの新人歌手時代についての言葉だ。「あんまり甘ったるすぎると思った。彼の声から、むしろ角のある人物を聴きとるほうを選んだ」

ワインにしても違いはない。今日のワインに私たちは「角」を感じることがない。少なくとも、かつてほどのようなことはない。そして、たまかさかそういう味に出会うと、点を辛くしたり、黙殺したり、そう、「堅い」と言いつのる。

当節の醸造家や評論家は、アルコール度数十四パーセント未満では、優れたカベルネ・ソーヴィニヨンのワインを造ることはできないと力説する。彼らに言わせれば、足りないものはひとえにブドウの熟度なのである。容認できる熟度が最低でも十四パーセントであるならば、さらに熟度（とアルコール度数）を強くするほうが望ましい、ということになるのも見やすい道理である。この十数年に起こったのはまさにこういうことだった。

ちなみに、かつて至当にも畏敬の的とされた、一九五〇年代から六〇年代にかけてのイングルヌック・カスクセレクション・カベルネのようなワインをついぞ目にしなくなったのも、このためである。おそらくあのワインのアルコール度数はせいぜい十三パーセントどまりであったろう。

そんなワインが今もあるだろうか。ありはするが、ますます稀少になったうえ、喝采を受けるでもなく、模範と推されるわけでもない。ただし、カベルネ・ソーヴィニョンに限っての話でもない。ドメーヌ・アンリ・グージュのニュイ＝サン＝ジョルジュは、ブルゴーニュの堅い赤の見本である。サンルイスオビスポ郡のソーセリート・キャニオンのジンファンデルにも、よく似た引き締まった味がある。マヤカマス・ヴィンヤードとストーニーヒル・ヴィンヤードのシャルドネの胸のすくような堅さは、多くのシャブリ、そしてブルゴーニュのドメーヌ・マトロの白にも通ずるものだ。

カベルネで武骨一徹派の名を挙げれば、ナパではハウエル・マウンテン、スプリング・マウンテン、ダイヤモンド・マウンテンの各地区に産するさまざまなワインがある。ユバ郡北部の大森林に囲まれたルネッサンス・ヴィンヤードから生まれる優れた赤。サンタクルーズ・マウンテンに産するワインの数々（キャスリン・ケネディ、マウント・エデン、リッジ）。オーストラリアはクーナワラ地区からのカベルネなど。

私たちが豹変できるのなら、それもまたよし。大杯を満たす堅いワインは、今日多くのワインが陥っている弊にうってつけかもしれない。

（二〇〇八年）

座談会の危うさ

最近、新聞のワイン記事で流行っているのは紙上ワイン座談会というもので、いわばワイン記事における乱交パーティーである。『ニューヨーク・サン』紙がやっていないのは幸いだ。『ニューヨーク・タイムズ』『シカゴ・トリビューン』『サンフランシスコ・クロニクル』の紙上座談会をみれば、これら有力三紙が、試飲族どもの当り障りのなさに屈服したことがわかる。

ひとことで言えばワインの紙上座談会は無用である。一度に五人から指南してもらえるほど啓蒙的かつ有益だといいたいのだろうが。

『シカゴ・トリビューン』の試飲団は、最近十三種類のヴィオニエを調査検分した。もともとローヌ河流域の香り高い白だが、今ではカリフォルニアのローヌ信奉者のあいだで人気がある。ところで、十三本のブラインドテイスティングは別に手ごわい数ではない。二十、三十、四十本となればいささか判断がふらつくことも避けられないが、パン屋の一ダース〔十三のこと〕くらいであれば間違いは起きない。とまあ、考えてもらってよい。

それでも試飲団は、料理人が多すぎてスープを台無しにするのと同じ構造をもっている。誰かが「フリンティでダスティな味」と言うとほかから「ちょっとシャープだね」と言う声、そして三番目のメンバーが優美なバランスを讃えて一〇点満点をつけるとしたら、そんなアドバイスに読者はいったいどうしたらよいのか。

こんなのもある。「ひとりはこのオーストラリアワインに十点満点をつけ、『愛らしく、優雅で、バランスがとれていて、ニュアンスに富む』と言って『ぞくぞくする口当たりがみごと』と続けた。もうひとりは『目の覚めるような』トロピカルフルーツの香りとドライな仕立てをほめる。あまり魅了されなかったメンバーは、『後味にわずかな苦みがあり、『新しい消しゴムの臭いがする』と不満を述べた」。なんとまあ勉強になることか。完璧なワインであろうと、新しい消しゴムみたいな臭いであろうと、思い入れあふれた賛辞でワインが形容されることはめったにない。

どの新聞の試飲団でもいいが、気になって調べたいワインのレポートを隅から隅まで読んでみればいい。そこからやかましく、情けなく伝わってくるのは、「この言葉をこう使います」という合意が何もない、ということだ。そして合意ができあがるとき、中庸をいくような、さっぱり「攻めた」ところのないワインが勝つ。ワイン鑑評会のたぐいでこれまで試飲団に参加したことのある身として、これは誓ってもいい。ワインの品質や作風にはかなりの幅があるが、座談形式になると、真に個性あふれるワインが指標とはならず、かえって風変わりに見えてしまうのだ。

ジャーナリズムがこんなふうに弱腰だったら何の役にも立たない。ではどうして新聞はこれをやっているのだろう。A・J・リーブリングはニューヨーク・タイムズの大物記者で報道批評家だが、その本質を突く言葉を書いている。新聞は「自らの恐るべき力を知り、畏れている。アマチュアボクサーだらけのバーにプロボクサーがいるようなもので、連中も負けたくはない」。当節の紙上ワイン座談会が流行るのも、そんな自分への畏れからだ。「恐るべき力」をひとりや二人の男女にまかせてしまったら、編集者は心配で眠れない。

不安定は推進力である。ワインをよく知って、専属の批評家を判別できると思っているような編集者は、まずいない。人は誰でも料理や音楽、美術に一家言ある。だからこそレストランや演劇、美術展などはグループ批評の対象にはならない。ワインばかりが百家争鳴の試飲と試飲団による大衆迎合をゆるしている。

階層という要因も無視できない。ワインはまだ気どったものという目で見られる。そこにはわずかな罪悪感が、どこかしら遊惰な気配が感じられる。このことが多くの新聞編集者の神経にさわる。彼らはその鼻をへし折ってやりたい。座談形式の試飲といういわば天の声にゆだねれば、どんなミーハーでもワインをやっつけられるのではないか。彼らは美術や音楽ではその危険を冒さない。どちらも強力な批評家協会があるから。でもワインならいいカモで、近所のお祭りで銀行家のせがれを水に落っことすようにやれる。

結果はいうまでもなく、味覚の「凡庸な中間値」めいてくる。だがそこは試飲団の数的優位が担保してくれる。編集者は肩の荷が下りるし、読者は、まあ前よりはちんぷんかんぷんになる。いったいどうすれば、ワインが「愛らしく、優雅で、バランスがとれていて、ニュアンスに富む」と同時に「新しい消しゴムの臭い」がするというのか。さっぱりわからん。

（二〇〇四年）

「リッチ」になるとは

アマゾンの密林の奥地に住むピダハン族が言語学者らのあいだで強い関心の的になっている。研究者によると、ピダハン語には二を超える数がない。一と二に相当する語があるだけで、それ以上は「たくさん」になる。

コロンビア大学心理学教授ピーター・ゴードンがピダハン族の人々におこなった一連のテストで、いわゆる言語学上の決定論を裏付けるうえで、今のところ最有力の証拠が得られたのだという。わかりやすくいえば、言語が思考を規定するという考え方である。

ゴードン教授の調査が示した実例は、ある概念をあらわす言葉がなければ、事実上その概念を理解することができないということだった（そんなはずがないと思うなら、「テロワール」を考えてみてほしい）。

ロワール流域シャトー・ド・フェルの、一九八五年のボンヌゾーを飲みながら、どういうわけかピダハン族のことが頭に浮かんだ。何のつながりがあるのかって？　芳醇《リッチ》という言葉、いやむしろ、その概念が決定的に欠けていることを思ったのだ。

そのかわり、私たちは「甘い」という。デザートワインと称して食事の最後に追いやったのは、一家の変わり者を屋根裏部屋に押し込めたようなものか。オーストラリア人は「ねっとりしている《スティッキー》」というが、なんだか靴底にガムがくっつくみたいで嬉しくない。

ピダハン族と同じように私たちは、リッチな味わいのワインを飲むという経験について、理解を共有できる概念を持っていない。したがって、ピダハン式にいえばこうしたワインは私たちにとって実在しないことになる。それは感じられても手を取り合うことのできない、ワインの亡霊である。

どうしてこんなことになったのか。リッチなワインという語彙にしても、私たちの人生に実在するものを反映しているのだが、それを摑まえられないとは、ワインの何を把握できているというのか。

フランス人はリッチなワインの味わいをあらわす語彙を拡張し、モエルー（moelleux）というとも詩的な言葉を用いる。この語感を訳せば、柔らかい、ねっとり、ふんわり、しっとりといった言葉になる（マフィンの中身を思い浮かべてほしい）。またリコルー（riquoreux）という語もあって、これには英語のルーシャス（甘美な）がしっくりする。

ドイツ人は彼らなりに、リッチなワインについての理解を表現しているが、それは一般に思われているような甘さの等級ではなく、収穫時点でのブドウを自然ありのままに反映したものである。シュペートレーゼ（spatëse）は遅摘み、アウスレーゼ（auslese）は選別摘み、ベーレンアウスレーゼ（beerennauslese）は房別遅摘み、などなど。

収穫における選別度が厳格に（かつ遅摘みに）なるにしたがって、ブドウから生まれるワインは甘くなっていくものの、ドイツ語の語彙には、こうしたワインが単に糖分を多く含んでいるだけではなく、極めてリッチで立体感のある味わいになるという理解が反映されている。だからこそ、シュペートレーゼ・トロッケン（辛口）とかアウスレーゼ・トロッケンと銘打つワインを造っても——ともかくドイツ人にとっては——なにも矛盾しないのだ。

では今日、リッチなワインを理解するうえで何が変わったのだろう。したり顔で、こうしたワインはもう流行らない、もうドライなワインの時代だから、といつもの答えが返ってくるが、そうではない。それもほんとうだが、ほとんど何も説明していない。

答えは別のところ、単なる流行とちがう底流にある。それは今日私たちが、ほとんどすべてのワインを若いうちに飲むということだ。早飲みがワインの理解に（または通人ぶりに）背くというのなら、それはリッチなワインの場合もっとも裏目に出る。

ソーテルヌ、トカイ、ショーム（かつてのコトー・デュ・レイヨンの新名称）、カール・ド・ショーム、ボンヌゾー、ヴーヴレのモエルー、ドイツやオーストリアのリースリング、オーストラリアのミュスカ、イタリアのピコリット、そのほか何であれ、リッチなワインはほぼすべて、若いうちに飲んでしまうと、まず甘さばかりを感じてしまうものだ。これではその底に潜む、どっしりと深い味わいも、立体感も、かすかにしか感じられない。

飲んでいたのが一九八五年のボンヌゾーだったばっかりに、世界中をさまようはめになってしまった。私は数名の客とともにカリフォルニアのシエラネバダ山地を何時間も歩きまわったあとで、ご褒美代わりにこれを開けた。うちのセラーから持参したのだが、私はそこにロワールのリッチなワインを、とりわけボンヌゾーとカール・ド・ショームをたくさん寝かせてきた。

その一九八五年のボンヌゾーは、実際にはほとんど甘くなかった。その代わり、極上のブルゴーニュの白のように重層的で立体感があり、でも当然だが、似ても似つかない味わいがした。しびれるほどのミネラル風味にハチミツの気配。口にするごとに味覚はさわやかになる。リッチなワインだが、すこしも甘くはない。

後日私たちは皆、日頃おすすめ攻勢をかける買付人たちが徒党を組んで、同じ数少ないワインを捜し回っているのを知った。そうしたワインはどれも、栄えあるシャトー・ディケムを別とすれば、リッチなものではない。しかし現実として、今日のリッチなワインは世界最高水準にある。私たちはあらかたコレクターのピダハン族のようになってしまった。世界を開く言葉を持たぬがゆえに、その偉大さを知り得ないのだから。

（二〇〇八年）

第十二章　その場所らしさということ

たったひとことでアメリカのワインと愛好家の意識を大きく変えてしまった言葉、それがフランス語にいう「テロワール（terroir）」である。きわめて漠然としたこの概念を、英語で理解しやすいかたちにしようとして、私は「サムウェアネス（somewhereness）」その場所らしさ、という言葉を考え出した。はるかに重要なのは、この概念そのものが今や根源的なものになったということだ。

テロワールの思想は私の著作の隅々に浸透している。ワインを考えるうえでこれ以上重要な観念はない。テロワールという考え方を受け入れ、重視しないかぎり、真にすぐれたワインを造りあげる――見いだす、といってもいい――ことはできない。私はこれについてずいぶん長々と書いてきたが、その筆頭が「テロワールとは何か」と題する試論で、このほかに書いた記事も数知れない。

テロワールとは何か

あざやかな問いかけをする人に、あざやかな答えがかえってくる。

――E・E・カミングス『新作詩』

ワインへのあざやかな問いかけ、それが「テロワール」である。英語圏の人にとってテロワールという言葉は聞きなれず、発音もむずかしい。なお釈然としないことに、これはフランスで生まれた考え方である。決まりきった定義をいえば、立地とかブドウ畑の場所ということになる。が、その本質に迫るならば、ひと粒の砂に世界を認めるというウィリアム・ブレイクの言葉のように、ワインと地球に対する考えは一変するだろう。テロワールとは何かを深く考えてみないかぎり、ブルゴーニュはわからない。

テロワールという言葉はフランス語のテール（terre）つまり土とか地面をさす語から派生したものだが、といって、土壌やその下の母岩を調査すればいいのではない。ブドウ畑の立地の違いをもたらすことがらのすべてが「テロワール」なのだ。だから、この言葉は、「微気象」の語でくくられる降雨量、風通し、水はけ、海抜、日照、気温といったことがらも包みこんでいる。

が、「テロワール」には別の意味合いがある。測定不能を容認するが、場所を特定でき、味わえる、ということだ。テロワールとは違いを踏査することだ。この点でテロワールは科学と対立する。科学であれば、独自性のすばらしさでなく、反復による立証を求めるからだ。

テロワールを理解するには、現代の精神という尺度を見直す必要がある。人間本来の衝動は、商業と、冷笑を浮かべた科学によって埋葬され、久しく姿を消してしまったからで、これを理解するには、底知れない自然界の深奥に分け入っていけるような感受性が求められる。フランスの歴史家マルク・ブロックは代表作『封建社会』のなかで、これを次のように活写している。

封建時代の人びとは、私たちよりもはるかに自然に近かったし、彼らの知る自然とは、今日思われているほどおとなしくもやさしくもなかった……人類誕生当時のように野生の果実を摘み、ハチミツを集める。いろいろな道具を作るうえで木は中心的な役割を果たした。照明は粗末で夜はもっと暗かったし、城塞の生活空間でも寒さはなお厳しかった。早い話、いかなる社会生活を営もうと、基底には原始状態があり、支配不能な力に服従し、矯めようのない自然の反作用を受けていたのである。

今の世は封建時代をとうに乗り越えたが、ヨーロッパの田舎暮らしは、その後何世紀を経ても、さほど変わりばえしなかった。その痕跡は今日もかろうじて残っているとはいえ、超自然的な感受性は洗い流されてしまった。コート・ドールの地は、いわばブドウ耕作地に精緻なニードルポイント・レースを制作したようなもので、名前をもつ畑が何千とあるが、これらはストーンヘンジと同じく失われた文明の遺物にほかならない。なぜ、どうやってこんなことをしたのかを解き明かすことはできても、そこに駆り立てた衝動と熱意は、今も私たちを超えたところにある。

ブルゴーニュの栄光は、畑の立地に精緻きわまりない線引きをしたことと、そこにもともとテロワールがあったことにある。この場所はどんな声を出すのか。そこは隣りの土地とどう違うのか。テロワールはブルゴーニュの偉大さの源泉であり、これを伝える役目を果たす。説明はさほど難しくない。今、仮に、大昔のブルゴーニュ人がピノ・ノワールとシャルドネを植えたのは、当節の用語でいう単一品種《ヴァラエタル》ワインでの成功を狙ったからだ、としてみよう。こういう暗然とする、血の通わぬ考え方では、幾世代にもわたりワイン愛好家たちを感動させ、心酔させることはできないし、いわんやモンラシェやラ・ターシュといった天然の驚異を見出すこともできない。ブルゴーニュにとってテロワールは、ピノ・ノワールやシャルドネと同等の重要な役割をもっている。そしてブドウは、声と同じくらい重要な伝達手段である。

テロワールという考え方はブルゴーニュだけのものではないが、これをあますことなく体現するのはこの地をおいてほかにない。当然ながら、いかにもフランスらしさが際立った考え方と思えるが、フランスだけに限定しているわけではない。外国、とりわけドイツとイタリアでも、これに類似する観点が見受けられるからだ。しかしテロワールという考え方によって土地を捉えてきたことでは、他国はとてもフランスに及びもつかない。ブロウ畑の違いは、ときにクリュ、英語ではgrowthと称されるが、テロワールにしたがって、まるでカリグラフ（書）を書くように細心に描き出された。実際カリグラフとクリュには通じ合うところがあり、どちらも細部まで感性を研ぎ澄ましつつ、修練を積み上げたところになるものだ。ともに修道院を後ろ盾に繁栄した営みでもある。

イタリアはあれほど古くからのワイン造りの伝統がありながら、テロワールという考え方は、とうていフランスなみの広がりをもつには至らなかった。そこには皮肉なことに、ベネディクト派、シトー派という修道会の支柱を欠いたからだが、そうした修道会はフランスとドイツではたいへんな勢力を誇っていた。中世を通じた西ヨーロッパの教会配備図（ウィリアム・R・シェファード著「歴史地図」）を見ると、フランスとドイツには何百もの主要な修道院があって、十中八、九はベネディクト派とシトー派である。イタリアにそうした修道院は一ダースもなかった。

テロワールという考え方、と言ったが、これはまさしく考え方にほかならない。封建制が解体したのち、ブルゴーニュの眺めは長い年月のあいだに着実に区分化がすすんだ。そして一七八九年の大革命で教会領地が没収され、公売にかけられると、コート・ドールじゅうのブドウ畑は、さらに細分化に拍車がかかった。修道僧と修道尼らの造り出すワインとブドウ畑は、千年の長きにわたり高水準を守りつづけたが、このあいだ彼らはたゆむことなくテロワールの研究に身をささげてきた。だが、彼らの土地を見つめる眼力が人びとの知るところとなるには、途方もなく長い時間を要した。

フランスには、今もテロワールを信奉する心が健在である。もはや教会の遺徳というだけでは説明がつかない。むしろ、長い時間をかけて違いを愉しみ、曖昧さを受け入れるというフランス人の生活上の知恵によるところが大きい。

おしなべてフランスのワインの美点は、ことにブルゴーニュについて言えるのだが、フランス人が、ある土地のもつ美質を、むりに他の土地に求めたがらないことに表れている。彼らは違いを愛でているのだ。営業至上主義に掌握されてしまった国にありがちなように、おそろいでないがゆえの不和を招くこともなく、むしろ、いうところの「フランスの本質」と、しっくり調和がとれている。

ここがフランスのすごいところである。とはいえワイン造りに関して、この国の土壌特性と気候が地球上のどこよりもすぐれている、などと言いたいのではない。それは土地に賦与される価値の問題である。この点で、テロワールとその発見は、中国の鍼灸術を思い起こさせる。何世紀も昔、中国の医師たちは、西洋医学の解剖学的もしくは分析的な手法とはまったく違う視点から人体をとらえていた。この見地によって、彼らは人体について、西洋の医師が今でも別個の存在と見ることができずにいるものを見出した。中国医学で「経《けい》」、「絡《らく》」、または近頃「経絡《けいらく》」と呼ばれているのがそれである。

言葉の定義はさておいて、大切なのはこの「経絡」が、いくら解剖しても見つからないということだ。しかし現に存在するし、鍼灸術は効く。その原理はともかく効果のほどは誰の目にも明らかだ。

同じように、ブルゴーニュのすばらしさを探り当てようとして、気候やブドウ、土壌、醸造法といったややこしいことがらをいくら分析してみたところで、判然たる結果は出ない。セーターを端からほどいていって、その編みかたを知ろうとするようなものだ。偉大なワインは人が造るものであって見つかるものなどではない、そう思っている人が名品を生むことはまずありえないもので、あたかも錬金術師が艱難の果てに、もとから金を含有する素材を加工してついに黄金を得た、という話になりかねない。

今日おびただしい数のワイン生産者と（ともかくアメリカの）愛好家たちは、テロワールの存在をにべもなく否定するが、これではポリネシア人が太陽、星、風、匂い、感じだけを頼りに太平洋を航海していたことを、週末だけ船遊びする人が一笑に付すようなものだ。テロワールはブドウ栽培における邪教同然にみなされている。

理性の高等法廷では、曖昧であるとして、テロワールというものは認められない。示すことはできても証明するのは無理で、感じとるほかない。ポリネシア人の航海と同じことで、繰り返し実現するがゆえに信じられる、というまことに主観的なものである。それでも、筋の通った飲み方をしてきたワイン好きであれば、熟成したコルトン＝シャルルマーニュ、シャブリ＝ヴォデジール、ヴォルネ＝カイユレなどを味わうとき、ワイン造りの技だけでは説明のつかない何かの存在に気づく。そこにはグ・ド・テロワールつまり立地固有の味わいがこもっているのである。もし、同じブドウから同じ製法で造られた別のワインに、この何かがどうしても欠けているとしたら、それはブドウに由来するものではない。消去法が可能ならば、残ったものはテロワールに由来するはずだ。しかし、ほんとうに知りたいと思うならば、立証も計算もできない曖昧さが真実のこともある、と信じてかかることが必要だ。疑ってかかる人は科学を信じ、限定的な真実らしさしか明確にできない手法を信ずるがゆえに、理解をはばまれる。

ブルゴーニュのワイン造りを突きつめれば、いかにテロワールを鮮明にするかということになるし、そうあるべきだ。要約すれば造作もないことだが、まず小粒のブドウのなる分枝種《クローン》を選定し、収量を減らし、果実を厳選する。そのうえで、意外に思えるかもしれないが、きらびやかな外見のよさで人目を惹くのではなく、ワインからおのずとテロワールがあらわれ出るように醸造し、貯蔵するのだ。このときテロワールは人間の自我とするどく対峙する。だが、現代の強烈な自己表現願望の発するところ、たいていはテロワールのほうが犠牲にならずにはいない。

かつてブルゴーニュの敵は、強欲で的外れのワイン製法であった。果実をつけすぎたブドウの樹からは、薄く水っぽいワインしかできないが、こうした欲ばりなやり方は、ブルゴーニュの持病のようなもので、苦情の的だった。今日でも似たようなものとはいえ、解決の方法はごく身近なところにある。収量を抑えることだ。

しかし、テロワール対人間という図式は新しく、現代ならではのものと言える。原因は二つ、最新のワイン製法と、これを用いる人々の心理に起因する。科学技術でワインの製造を制御できるようになったのは、一九六〇年代後半で、そう古いことではない。それ以前は、今日おこなわれているようにワインを自在にあやつることなどできはしなかった。ところが現代の生産者は、コンピュータ制御の圧搾機や温度調節のできるステンレスタンクにはじまり、熱交換機、不活性ガス、遠心分離機、あらゆる濾過手段、ほうぼうの森からのオーク材の樽などをそなえ、これらを駆使して、テロワールとワインとのあいだの未踏の内奥にまで、わが身をこじ入れることに成功した。

こうした武器を動員できるという心理は、さらに重い意味をもつ。今の時代、自己を表現することは不可侵の権利である。ワインを造り出すうえで自己表現の欲求があらわれるのは、ちっともおかしなことではない。もちろん以前の造り手たちも、ワインのなかに自らを表現しようと願ってはきた。では両者がどう違うかといえば、現代の技術がほんとうにそれを実現させてしまい、祖父母が夢にも思わなかったところにまで、その働きを及ぼせるようになったことだ。

抽象的な話になるが、ここに潜む力は、二十世紀思想の多くを変えてきた。つまり、かつてはあるがままに感じとったものが真なるものだったが、主観を通じて感受されたものが真なるものとなったのである。最近まで「本物」というのは、レコードの溝とか、花瓶に活けた花をそっくりに描いた絵などのように、直接的な技術や線的連続のなかで表わされてきた。精度をきめるのは厳格で忠実な描写だった。

しかし私たちは、写実よりも個人の主観のほうが真たりうることを信じられるようになった。その初期の有名な一例として、美術における「表現主義」がある。二十世紀初頭に表現主義がおこる以前、人々はできる限り実物に近い姿かたちを描くことで、カンバスに対象の実在性を表わしてきたのだが、表現主義はこれに異を唱えた。生け花の実在感をより高めるには、その形や色彩をひたすら写実的に表そうとするのではなく、いっそそれらを解体してしまい、もっと抽象的に実在性を表現するほうがよいと主張したのである。

こうした話とワインとがどう関係があるのかは、テロワール対人間の議論に書いたとおりである。何世紀も昔、ブルゴーニュの人びとがテロワールというものを見いだしたとき、たとえば彼らが発見し、シャンベルタンと名付けたものと、シャンベルタンとしてあらわれてくるはずのものとのあいだには、なんらの隔たりもなかった。もとをただせば、当事者はシャンベルタンそれ自体と、これを見出した匿名の造り手の二者しかいなかった。こうして自然界に恭順な姿勢をとると、つねに隣りあうラトリシエールとは味わいが異なる以上、それをシャンベルタンというほかなかったのである。シャンベルタンは力強く、豊かな風味が深い響きをもつのにひきかえ、ラトリシエールはよく似た味わいをもちつつも、いつもきまって舌触りが細やかで、どこかしら充実の度合いが軽い。ナイチンゲールのさえずりがフクロウの啼き声と違うように、疑う余地のない実感がそこにはあった。耳に届く音を聞きわけるように、彼らは口にするものを味わい分けた。啼き声や味わいの違いは川の流れと同じく自然の力なのであって、改造や変化をほどこすわけにはいかなかったのだ。

こうして話はブルゴーニュのワイン造りに戻ってくる。個人の主観のほうが写実的描写よりも真実に近いと認める時代にあっては、不変のテロワールなどという考えは、いささか目ざわりに感じられる。それは自我の発露たる個人主義を、個人の主観を表明したいという考えを、ややこしくするからだ。相対主義と自己表出全能の時代となり、シャンベルタンというテロワールは、シャンベルタンという名において表現されるものに座を譲り、絶対的存在としてのテロワールという考えは退けられた。こうしてすべてのシャンベルタンは、ひとしく正統なものとなったのである。ある栽培家のシャンベルタンは、栽培家その人が、シャンベルタンとはこういうものだと考えた、まさしく唯一のワインである。私たちが受け入れたのはそういうことだ。ラベルに記されたブドウ畑の名は、作者の意図を大まかに表示したものにすぎない。

それでは、どうすれば大地のほんとうの声を聴きわけたり、造り手がテロワールと完成したワインとのあいだに割り込んでいると知ることができるのだろうか。個別にテロワール固有のほんとうの声を聴きだすには研究が欠かせない。唯一の方法は、区画を特定し、たくさんのワインを集めてきて、つぎつぎに味わうことだろう。ワインがすべて同じ生産者であれば申し分ない。少なくとも気を散らされる変数がひとつ減るからだ。

テロワールの発する声を胸にきざもうとするとき、つかの間でもいいから集中してほしいのは、最良のワインを決めようとするのではなく、それらの中に一貫した特徴がひと筋通っているのを探しだすことである。ワインがしっかりしている、線が細い、いつもきまってやせている、果実味が豊かである、というように構成面のこともあれば、顕著な「テロワールの味」がして、ミネラルめいた、石のような風味や、石灰岩や土を感じさせることもあるだろう。はじめのうちは定めづらいだろうが、ワインの作風にもぶれがあって、そのために紛らわしいこともある。しかも選んだものがおおむね二流品で、収量過多でいじりすぎた造りだったりしたら、そんな修練は面白くもなく、ちっとも報われない。テロワールはたくさんのヴィンテージを繰り返し試してみて初めて姿をあらわすものだ。だから、これを見抜くことができるのは、たいていはブルゴーニュの地元人か、ごく少数のとり憑かれたよそ者に限られるのである。

にもかかわらず、大地の声に耳傾けるとき、甘美な思いは忘れがたく残る。比較したときにだけ明らかになることもある。たとえば数多くのムルソー＝ペリエールを味わうとすると、優品にはそれとわかるミネラル風味があって、気力が湧くような強い果実味をともなうことだろう。だが、このペリエールを、隣接するシャルムと比べるまでは、それがどれほど石を彷彿とさせ、果実味豊かで、押しが強いかはわからない。こうしてペリエールの際立った個性がしっかりと胸にきざみこまれる。ただし、ムルソーの一級をずらりと並べたブラインド試飲をすればあやまたず言い当てられるかというと、そこまで厳密ではっきり目立つわけでもない。それは問題ではないのだ。大切なのは、紛れもなくペリエールが実在していることであり、それが他のどの区画とも異なる、自立した存在だということである。

このような研究には、思いのほか報いが多いのだが、おのずと約束ごとをともなう。勢ぞろいしたワインと向き合うと、造り手の叫び声がスタイルの違いとなってあらわれ、たちまち体当たりしてくるが、この叫び声を退けることである。そうすると、味わいが濃密でなく、めりはりを欠くような低級品をやすやすと除外することができる。なかにはあまりに風味が乏しくて、規制を満たすほかはどこから見ても詐欺としか思えないものもあるが。そうした末に残ったワインは、何かしら、もの言いたげである。このとき人は、造り手の自我の問題に直面している。

理想をいえば、ゆがめないままでテロワールを増幅させたい。できる限り作風や趣味といった夾雑物とは無縁なままで伝わるのがいい。造り手の仕事のあとがまったく目につかなければなおいい。とはいえ銘記してほしいが、そうした手跡のいくつかはかならず読みとることができるものだ。たとえば造り手がニュイ＝サン＝ジョルジュのロベール・シュヴィヨン、モレ＝サン・ドニのベルナール・セルヴォー、ヴォルネのマルキ・ダンジェルヴィルとジェラール・ポテルらのような域に達すると、署名はごくかすかにしか記されていないかもしれないが、きっと探し当てることができる。自作のワインのうちに彼らが跡形なく姿を消すさまは、ほとんど禅の世界といってよい。それは落款なき落款だからだ。

こういったお手本は別としても、大切なテロワールが損なわれなければ、造り手の刻印がどうしても邪魔だとまでは言うまい。ドメーヌ・ド・ラ・ロマネ＝コンティのワイン造りにその好例を見ることができる。エシェゾー、グラン・エシェゾー、ロマネ＝サン・ヴィヴァン、リシュブール、ラ・ターシュ、ロマネ＝コンティからなる錚々たる所有畑のワインは、同じ畑の造り手ちがいのものと並べたとき、いずれも共通して、紛れもない造り手の個性を帯びていることが即座にわかる（ラ・ターシュとロマネ＝コンティは、モノポールすなわち単独所有の畑だが）。そしてどのワインもなめらかさが際立っており、とろりとしているほどで、さらにはオーク風味が顕著である。

ところがこのドメーヌのワインは、造り手による個性にもまして、畑ごとのテロワールを余すことなく表現してみせる。他のドメーヌで造られるリシュブールやグラン・エシェゾーを口にすればよくわかる。その理由は、頭が下がるほど収量を低く抑え、厳選した分枝種《クローン》を用い、収穫時にはカビなどでおかしくなったブドウを丹念に取り除いたうえ、醸造にあたっては、造り手としての個性はともかく、異なるテロワールがそれぞれ存分に花開くよう最善を尽くすからだ。ドメーヌの個性がもっと弱まればワインはさらに向上するはずなのは、美しいドレスもデザイナーのイニシャルを削ればさらに見映えがするのと同じ道理である。

造り手の技のこうした手跡を問題にするのは、テロワールを同じくするワインを数えきれぬほど飲んだあとの話である。理想的なのは、オーディオマニアのいう「ストレート・ワイヤー」のように、信号がまったく改変されずにアンプを通過できればよいのだが、ワインの場合、ブドウと醸造家との両方が介在する以上それは望めない。つまり、ブルゴーニュのワイン造りは翻訳作業そのものといってよい。詩人のW・S・マーウィンはその苦労をこう書いている。

原典の内容がどのように表現されて伝わるのかは、どうしても翻訳する者しだいで、運不運をともなう。原典しか要らないという理想にたてば、訳者など全然いてくれなくていい。ところが現実には、翻訳のよしあしを気にかけざるをえず、ごらんのとおりだが訳者の素養に重きを置かないわけにはいかない。

よい例なのが、ドメーヌ・デ・コント・ラフォンとジャン＝フランソワ・コシュ＝デュリの両者が造るさまざまなムルソーだろう。ラフォンのものは肉感的な造りで、若いうちオーク香が勝つものの、めりはりのきいた味わいの明瞭な違いはぬかりなく表れている。並べて飲み比べればテロワールを混同しようがない。いっぽう、コシュ＝デュリのほうは謹厳なスタイルで、心もち細身なところを別とすれば、テロワールごとの違いは、するどいまでに克明である。奥深く濃密な味わいはラフォンと同等ながら、あらわれかたは微妙に異なる。いずれのワインをとっても、立地ごとの特徴を鮮明にとどめている。両者はともに、マーウィンが詩集を翻訳するときに掲げた目標に到達しているといえる。――「私は、原作とは別のオリジナリティが優先するかのような口実をもうけて、原典の真意を歪めるような翻訳をしたのではない」

ブルゴーニュには造り手の署名が入っていることを意識するのは大切で、それほどテロワールを犠牲にした作風には、人の心がなびきやすいからである。どれほどたくさんのブルゴーニュが、ことに白ワインがそんなありさまであるかに驚かされる。赤にひきかえ白ワインは、生来ブドウそのものの風味が赤ほど強くないせいで、なかなか個性を打ち立てにくいところがある。ピノ・ノワールから見たシャルドネがまさにそれにあたる。

さらにいえば、ワインの風味の多くは、発酵のさなかにブドウの果皮から抽出される。赤の多く、いうまでもなくピノ・ノワールは、長い発酵期間中、果皮の漬け込みをおこなうが、白ではこれがほぼ皆無である。例外はあるものの、ブルゴーニュで生産されるかぎり、シャルドネはそうである。白はシャルドネの果汁と果皮を一緒に発酵させたり醸したりしても、せいぜい二十四時間にとどまる。かたやピノ・ノワールのほうは、たいていどこでも一週間から三週間は果皮とともに過ごす。

このようなわけで、白ワインは畑で丹精をこめるかわりに、さまざまな製造上の技法に頼った風味づけができる、という誘惑に抗いがたい。よく知られているところでは、真新しいオーク樽を用いると、ワインには、すぐそれとわかるヴァニラの香りと、こんがり焼けたトーストのような匂いがつく。もうひとつ、発酵を終えた若いワインを樽で熟成させるかわりに、澱や沈殿物と一緒に寝かせておいて、ときおりかき混ぜる、という手がある。酵母が自己分解し変質してゆく過程から、えもいわれぬ風味をせしめようというのが造り手のねらいである。しかし微生物の悪化によって、「いってしまった」味のワインに終わることもある。

造り手の技がワインの底の浅さの代役を果たそうとすることには、目に余るものがある。ブドウの古樹の世話をし、厳しく選定して収量を抑える、といった地道な畑仕事よりも、新樽と製造上のテクニックをいじくるほうがよほど楽だし、自己満足にひたることもできるからだ。白ワインの個性というものは、いくら畑そのものの声量が豊かであっても、漫然と得られるものではない。収量過多のモンラシェを口にすれば、凡庸さにあきれ、シャルドネを通じて表現される大地の声がどれほど華奢なものか、了解できるだろう。ブドウとしてのシャルドネは意外なほどおとなしい味で、だからこそテロワールを表わすには最高の手段といえるのだが、換言すればそのぶん造り手の技にも染まりやすいのだ。

ブルゴーニュの赤は白に劣らず、個性をなかなか身につけない。しかしピノ・ノワールが生まれもつ強い風味のせいで、個性の不在にはおいそれと気づかれない。ただし気をつけてほしいのだが、あめ玉と野生のさくらんぼが違うように、単なる味と個性とは別物である。

さて、いじりまわされたシャルドネが、かりそめの深みと風味ばかりを身にまとうとすれば、考え抜かれたすえのピノ・ノワールとは、さだめし即座に抜栓できて、やすやすと飲み干せるワインのことなのだろう。今やブルゴーニュの赤は、収穫年から二年しか経たずに発売され、まさにこの時点で飲み口のよさに心を奪われるようなものが年々増えている。こういうワインは誤解を招きかねない。

年を経て味わいがよくなるのではなしに、まばゆいほど溌剌とした果実味が、冷めやすい熱狂のように、すぐにあせてしまうからだ。ワインの個性ではなく化粧品くささを放つしろものを前に、愛好家は途方に暮れるばかりである。

さて、あれこれと書いてきたことは、いずれも「テロワール」がワインへの「あざやかな問いかけ」であるわけを強調してみせたものにすぎない。テロワールを明るみにし、曇りなく増幅し、深く響くように伝えようとするとき、「あざやかな答え」は、ブルゴーニュそのものであろう。だから、テロワールをないがしろにするくらいなら、いっそブドウを水耕栽培にし、静脈点滴よろしく水と養分の人工環境で育てればよいので、わざわざ底知れない大地――私たちが天啓にうたれて「リシュブール」「コルトン」と名付けた場所――にこれを植えつけるまでもない。だが、幸いなことに、造り手や愛好家は今、こぞってこの問いかけを発しようとしている。あらたな関心はまだ端緒についたばかりだ。テロワールなくしてどこがブルゴーニュなのか、と。

――『ブルゴーニュワインがわかる』より（一九九〇年）

テロワールあってこそ

子供のころ、おとぎ話ってなんだか人をだましてるんじゃないか、という気持ちになることがあった。たとえば「眠れる森の美女」のお話。手柄を立てたのは誰だ？　もちろん王子様だ。眠れる美女にキスをして彼女を目覚めさせたのだから。

テロワールの議論がもちあがると、いつでも「眠れる森の美女」を思い出してしまう。というのも、王子派とでもいうべき軍団が声高に、すべての功は王子にあると主張して、私を驚かせるからだ。王子がいなければ美女とて寝息をたてつづけるしかない、というわけだ。

要するにこれが反テロワール主義の立場である。重要なのは王子の役回りであり、魔法のような技でブドウ樹を剪定し、ワインを適切な樽に入れ、はれて世界中に美を届けてくれる人なのだ。

結構だ。おれの手柄だというやつの手柄にすればいい。確かに王子は美女を起こした。だが、眠れる美女は前からそこにいたということを忘れてはならない。

テロワールが重要なのはまさにこのゆえである。なぜなら、人がブドウ栽培からワイン造りまでを一から十まで気のすむようにしおおせるとしても、美女は初めからそこにいたのだから。

証拠を挙げよう。シャルドネをみればわかるが、世界中の生産者は長年苦心惨憺してブルゴーニュに近づこうとしてきた。使うのはブルゴーニュの名高い畑から苦労して引っこ抜いてきたシャルドネの分枝種《クローン》。使うのは彼らが崇めるブルゴーニュの生産者と同じ樽で、焦がし具合も同じ。ワインの製法までそっくり猿まねして、たとえば澱をかき回したりする。早い話、彼らは至るところで王子様のあとを追いかけているのだ、接吻の技法をおびただしいノートにとりながら。

では、どんなシャルドネでもいいから、すべて見わたしてみよう。カリフォルニア、オーストラリア、南アフリカ、チリ、オレゴン、ワシントン、イタリアといった産地から、眠れる美女はどれほどいるだろうか。納屋暮らしのお百姓から喝采を浴びる金髪豊かな美女に成り上がれるような、真の大物は、ごくごく稀だ。世界中のシャルドネの圧倒的多数は退屈である。

むろんそこには理由がある。王子党が、間違った信念の人々を抱えていることだ。シャルドネが輝きを見せる立地を探すのではなく、技術力を信ずるあまり、立地が温暖すぎたり、土壌があまり有望とは言えないなせいで美が目覚めそうにもない場所に、シャルドネを植えてしまうのである。

現実には、誰からも「どこか他でも、またやってくださいよ」と頼まれたことがないのだから、王子はツイていた。さもなくば詐欺が露呈してしまうところだった。魔力をもっていたのは眠れる美女その人だったのである。王位継承権のあるほどの者なら、誰でも彼女を目覚めさせることができたであろう。

「テロワール」とは二度目のキスにほかならない。三度目、四度目の。あなたが、私が、そして来るべき世々の人びとが、そう、リッジのモンテベロの畑や、ムルソー・ペリエールの美を、くりかえし覚醒させるだろう。それなりの力量がありさえすれば、誰がそのワインを造ろうとも。

こうしてテロワールをめぐる今日のこじれた議論の、語られざる一面が見えてくる。どうしてテロワールはその否定論者にとって、そこまで目障りなのだろうか。

私が知るテロワール不信論者には、覚醒のキスの重要性を疑い、排斥する人もいる。私たちだってクローンや、剪定法や、熟慮を重ねた醸造法が大切なことは知っているのだが。

それでもテロワール不信論者はひどく非妥協的に、あたかもジャコバン党員のごとき熱意でテロワールを否定する。彼らは人間の感性という美質を、当てにならぬといって却下するのである。

何世代にもわたってヴェーレナー・ゾンネンウーアのリースリング、あるいはヴォルネ＝クロ・デ・

デュックが見いだされてきたという、いわば叡智の継承は、あなたや私がブラインドで二度と当てられないという不確かさのせいで却下される（ちなみに、それで明らかになるのは、人間ひとりひとりの不安定さ、あるいは単なる未熟さにほかならない）。

テロワールを、いわゆる予測市場というものにたとえてもいい。そこでは多くのグループがある対象について意見を交わしていくうちに、結果として驚くほど的確な合意点に収斂していくという。

金融市場のストラテジストでコロンビア大学の非常勤講師、マイケル・モーブッサンによれば、予測市場は薄気味悪いほど的確だという。「私たちはわずかな情報と、大量の誤謬を抱えてうろつきまわっています」。最近、彼がニューヨークタイムズに語った言葉である。「で、私たちがこぞって結果を持ち寄ると、相互に誤謬は除外されてゆき、混じりけのない情報が蒸溜されるのです」

テロワールを、混じりけのないワインの情報と置き換えてみてほしい。何世代もの利き酒を経て蒸溜されたそれは、個人レベルでみれば、ブラインド試飲で外れもしようが、何世代にもわたり集合的にみれば、つねにあやまたず指し示す。それはおとぎ話ではない。

（二〇〇六年）

あとがき

本書でワインについて語った言葉はすべて、目に見えないけれど、ごくありふれたひと筋の糸で縫いあげられている。すべては時間の流れの中にある、ということだ。ワインに関わることはことごとく、特にすぐれたワインは時間と結びついている。ビールやウィスキーをがぶ飲みするのと違って、ワインと付き合うとは、はるかに長い時間をかけて味わうことだ。万事が圧縮され、せき立てられがちな時代でも、ワインには時間がかかるし、人はそのために嬉々として時間をかけるのをやめない。

生産者の立場も同じだ。富裕を極める生産者だからといって、零細農家よりも早くブドウを育てられるわけではない。ブドウの木は決まった歩みで育つばかりで、人間の都合や欲望に頓着しない。よい古樹を得たければ、三十年、四十年、五十年とひたすら待つしかなく、そこには野心も資金も無力である。

同じように、ワイン製造上のあらゆる技術は進歩し、若くからすぐ飲めるワインができるようになったけれど、よく熟成したワインのもつ陰翳や個性までを帯びさせるすべはひとつとしてない。それは時間だけに可能なことだ。粗々しいタンニンをとり除けば味は柔らかく、愛想もよくなる。高めの温度で貯蔵すれば実際より熟成したふりをさせることもできる。だが、それはワインを無理やりしわくちゃにするようなもので、老けて見えたとしても、長い歳月だけが刻むことのできる個性というものは持ちえない。

時はまた、ワインを語る言葉にも大きな力をもつ。申しぶんのない熟成に至るまで、数十年にわたり味わってきた時間こそ、かけがえのないものである。そして数十年間にわたり栽培農家や醸造家、飲み仲間たちから紡いできた知の集積もまた、何ものにも代えがたい。いくら濃密な集中講座であろうと、こうして知りえたことをかき集めることはできないし、ここが重要だが、それを確かな見識にまで純化させることもできない。

私たちはワインを造り出しはするけれど、ひとたびワインが届くと、私たちの尺度を越えた時間が進みはじめる。ワインとは、物のかたちをとって減速した時間である。それはあらゆる面において人をくつろがせる。私たちが味わうのは、そういうものだ。だからこそ人はワインについて書き、読み、語る。つかまえた瞬間をよりよく味わい続けるために。

訳者あとがき

著者マット・クレイマーは、一九七六年以来、新聞、雑誌にワインと料理に関する記事を書いてきたが、そのキャリアのなかで、ブルゴーニュ（一九九〇年）、カリフォルニア（一九九二年、二〇〇四年）、イタリア（二〇〇六年）、それぞれのワインについて、独自の観点から詳述した本を書き下ろし、刊行してきた。本書は初めて著者が、長年書きついできた記事（コラム）を選びぬき、一冊にまとめ上げて二〇一〇年に上梓したものである。

原著は一〇九篇の記事を収めるが、うち七十四篇は、今も昔もクレイマーの主戦場である『ワイン・スペクテイター』誌に掲載され、三十篇は『ザ・ニューヨーク・サン』紙に寄稿された。本書はここから六十五篇を選び、書き下ろしの文章とあわせて訳出したもので、構成はほぼ原書にならった。

各篇は「古酒、収集　その他の酔狂」「ワインと女（男もね）」「フランスを愛す——ただしボルドーには醒めた眼で」「高飛び、イタリアへ」「ワインと言葉」といったおおまかな章題にくくられてはいるものの、もともと独立した記事であり、掲載年もばらばらだから、どこから開いて読んでいただくのも自由である。どのページにも、ワインという深く豊かな主題に、あの手この手で対峙する、フリーランスのワインライターの、自由な精神が躍如としているだろう。

本書でも、クレイマーは至るところで、自らの立ち位置を鮮明にしている。「ワインについて書くとは、果物や花になぞらえた記述で煽りたてたあげく評点をつけて一丁あがり、というものではない」「偉大なワインは該博な造詣を要したりはしない」「料理とワインの組み合わせに思案して時間と労力をかけるのはむだである」などなど。読者諸氏の賛否も一様ではないだろうが、それもまた言論の契機である。個の信念にもとづく視点を明示することは、クレイマーが書くものの魅力の源泉ではあるまいか。

こうして編まれた本書は、クレイマーの読者にとっては待望のものだったとみえ、反響も良いようである。ブルゴーニュ専門サイト「バーガウンド（Burghound.com）」主宰者アレン・メドウズも、自分は長年クレイマーの書くものを偏愛してきたが、この本はいつまでも読んでいたくて、読み終わるのが惜しかった、とすぐさま書いた。

ところで、こうした記事はワインと同様、すべて時間軸のなかにあり、執筆時点の時代を反映している。書かれた時点での醸造法の知見は、今日のものとは異なるかもしれない。各篇の末尾に記した初出年を、どうか参考にしていただければと思う。

最後に書き添えるのは気が引けるのだが、実は原著の末尾六十ページは、イタリアワインの巨魁アンジェロ・ガイアについての評伝が占めている。一九九一年、月刊誌『ザ・ニューヨーカー』編集長ロバート・ゴットリーブから大枚の取材費を前払いされてイタリアに渡ったクレイマーは、ピエモンテに居を構え、この地方の料理とランゲのワイン研究にいそしみ、ガイアの評伝を書いた。残念ながらこの作品は編集長の交代により日の目を見ることがなかったが、クレイマーはこれを二〇〇六年に著した『イタリアワインがわかる』の要所要所に転用したので、同書との重複箇所が多い。そうした諸事情を考慮して、本書ではその訳出を見合わせることとした。また、アメリカ事情のみに軸足をおき、日本の読者にはわかりにくいコラムも割愛した。読者諸氏に寛大なご理解をお願いする次第である。

クレイマーは現在も『ワイン・スペクテイター』に健筆をふるっている。Drinking Out Loud（「飲むとうっかり口に出る」というような意味）と題する記事はインターネット上で閲覧でき、読者《フォロワー》の賛同やら反論やらで活況を呈しているので、立ち寄られるのも一興かと思う。

本書の出版にあたり、白水社の菅家千珠氏には、いつも明るく叱咤激励していただき、一方ならぬお世話になりました。また、立花峰夫氏には、醸造用語の疑義について懇切かつ貴重なアドバイスをいただきました。お二人に心より感謝申し上げます。

二〇一四年十一月

阿部　秀司

初出一覧

第１章　二枚のレンズを通して視る

「よい育ち」がのしかかる（p.15）

The Tyranny of Being Well Brought-Up, *Wine Spectator*, April 15, 1995

耳に届かない曲（p.18）

Music to No One s Ears, *Wine Spectator,* December 31, 1995

かつてなくアメリカ人らしく（p.22）

More American than Ever, *Wine Spectator*, February 14, 2002

グー、チョキ、パー（p.26）

Rock, Paper, Scissors—Style Clobbers Character, *Wine Spectator*, September 15, 1997

若者よ、ワインの高値を嘆くな（p.29）

An Open Letter to Wining (and Whining) Gen Xers, *Wine Spectator*, November 15, 1997

この時代の真実（p.32）

Some Truths of Our Time, *Wine Spectator*, November 15, 2008

第２章　試飲論

腰の入ったワイン、引けたワイン（p.38）

Fear vs. Conviction, *Wine Spectator*, January 31-February 28, 2005

ブラインドにつかまる（p.41）

Caught in a Blind, *Wine Spectator*, December 15, 1996

またもや大試飲会（p.44）

Yet Another Grand Tasting, *The New York Sun*, May 10, 2006

偉大なワインを知る（p.49）

The Genius of Great Wine, *The New York Sun*, November 3, 2004

ワイン野郎になるには（p.52）

How to Be a Wine Guy, *The New York Sun*, October 5, 2005

二十五ワットのワイン（p.55）

The 25-Watt Wine, *Wine Spectator*, July 31, 2006

飲んで、喋って（p.58）

Tasting and Talking, *The New York Sun*, February 9, 2005

ねぇ、パラダイム、あるでしょう（p.63）

Buddy, Can You Spare a Paradigm?, *Wine Spectator*, May 31, 2008

もう判定させないでくれ（p.67）

Stop Me before I Judge Again, *Wine Spectator*, August 31, 1995

審判の日（p.70）
Judgment Day, *Wine Spectator*, October 31, 2005
ほんとうの真ん中（p.73）
Right Down the Middle, *Wine Spectator*, May 15, 1996
ワインのバイアグラ（p.76）
Wine Viagra, *Wine Spectator*, October 31, 2004
致命的な半インチ（p.80）
The Critical Half-Inch, *Wine Spectator*, June 30, 2008
古き酒荷をかつぐ（p.83）
Schlepping Old Wine Baggage, *Wine Spectator*, October 31, 2002
ドレスの裾が短いと（p.86）
The Low-Cut Dress Syndrome, From *Making Sense of Wine*（Running Press, 2003)
ぜんぶノワール、いつでもノワール（p.89）
All Noir, All the Time, *Wine Spectator*, February 28, 1999
万能の味覚なんて、あり得ない（p.92）
The Myth of the All-Purpose Palate, *Wine Spectator*, August 31, 2003
骨太の法則（p.96）
The Rule of Good Bones, *Wine Spectator*, November 15, 1999
好きと嫌いを超えて（p.99）
Beyond "I Like It" and "I Don't", *The New York Sun*, May 2, 2007
違いがわかるということ（p.101）
Telling the Difference, *Wine Spectator*, November 15, 2007
一万時間（p.105）
10,000 Hours, *Wine Spectator*, September 30, 2007
保守派に一票（ワインですが）（p.108）
Voting (Wine) Conservative, *Wine Spectator*, October 31, 2008
私のワインは私そのもの（p.111）
My Wine, My Self, *Wine Spectator*, June 15, 2009
メニューの読心術（p.114）
The Mentalist of the Menu, *The New York Sun*, September 13, 2006
ワインリストはこれでいいのか（p.117）
Why Today's Wine Lists Fail, *Wine Spectator*, Junc 30, 2002

第 3 章　古酒、収集、その他の酔狂
世紀のヴィンテージ、だったそうで（p.123）
OK, So It Was the Vintage of the Century, *Wine Spectator*, December 31, 2005
ついに古酒の真相が（p.123）
Finally, the Truth about Old Wines, *Wine Spectator*, October 31, 1997

ワインが別れを告げるとき（p.127）

When Good Wines Say Good-Bye, *Wine Spectator*, September 15, 1999

古酒の真贋（p.130）

Counterfeit Confidential, *The New York Sun*, April 4, 2007

本物のコレクション、偽物のコレクション（p.134）

Real Collecting vs. Phony Collecting, *Wine Spectator,* January 31, 1998

第4章　ワインと女（男もね）

女性のほうが確かな味覚（p.139）

This Bud's for Them: Women Are Better Tasters, *Wine Spectator,* May 15, 1995

男と女がいればこそ（p.141）

Thc Heady Mix of Men and Wine, *Wine Spectator*, June 30, 1995

ワイン、隠してませんか（p.144）

Your Cheatin' Wine Locker, *Wine Spectator,* October 31, 1998

第6章　フランスを愛す

フランスかぶれよ、永遠なれ（p.161）

Forever Francoholic, *Wine Spectator*, December 15, 2006

巨大マネー、ボルドー（p.165）

Bordeaux Mega-Dough, *Wine Spectator*, September 15, 2001

飛び込むか、やめておくか（p.168）

To Splurge or Not to Splurge, *The New York Sun*, July 5, 2006

そんなに強気になれるとは（p.170）

What It Means to Be Bullish on Bordeaux, *The New York Sun*, November 9, 2005

第7章　高飛び、イタリアへ

達人（エスペルト）にされて（p.177）

Being An "*Esperto", A Passion for Piedmont: Itdy's Most Glorious Regional Table*（William Morrow, 1997）

失敗のおかげで（p.180）

A Fortuitous Mistake, *The New York Sun*, November 29, 2006

おそろしくシンプルなトスカーナの畑（p.183）

A Tuscan Vineyard Keeps It Deceptively Simple, *The New York Sun*, November 15, 2006

海岸通りで鮮魚と美酒を（p.186）

On the Waterfront, Fresh Fish and Great Wine, *The New York Sun*, November 1, 2006

第8章　夢のカリフォルニア

瓶のなかの詩（p.193）

Bottled Poetry, *The New York Sun*, October 4, 2006

よく寝かせる（p.197）

Aging Well—An Unusual 1970 Zinfandel Goes on Sale for the First Time, *The New York Sun*, March 15, 2006

彼は人とは違った（p.202）

What Made Him Different, *Wine Spectator*, July 31, 2008

われら、よそ者（p.205）

This Land Is Their Land, *The New York Sun*, February 15, 2006

第9章　水晶玉を覗く

ピノ・グリは次の大物（p.212）

Pinot Gris: California's Next Big White, *Wine Spectator*, September 30, 1994

次代を担うすごい大物、シラー（p.216）

Syrah: The Next Really Big Red, *Wine Spectator*, September 30, 2003

次の白のすごい大物は？（p.220）

So What's the Next Really Big White?, *Wine Spectator*, October 31, 2003

第10章　ワインの小咄

ワインは芸術にあらず（p.226）

Why Wine Isn't Art, And Why That Matters, *Wine Spectator*, October 15, 2008

『モンドヴィーノ』で見えない世界（p.230）

All Is Not as It Seems in *Mondovino*, *The New York Sun*, March 25, 2005

自家栽培の謎（p.233）

A Growing Mystery, *Wine Spectator*, June 15, 1999

ブショネでも平気ですか（p.236）

How Do They Live with Themselves?, *Wine Spectator*, October 15, 2003

第11章　ワインと言葉

ワイン版『悪魔の辞典』（p.242）

The Devil's Wine Dictionary, *Wine Spectator*, November 30, 1995

堅いのはだめですか（p.246）

The Fear ofAustere, *Wine Spectator*, March 31,2008

座談会の危うさ（p.250）

The Perils of Panels, *The New York Sun*, October 20, 2004

「リッチ」になるとは（p.252）

Getting "Rich", *Wine Spectator*, November 30, 2008

第12章　その場所らしさということ

テロワールとは何か（p.258）

The Notion of Terroir, *Making Sense of Burgundy*（William Morrow, 1990）

テロワールあってこそ（p.273）

Terroir Matters, *Wine Spectator*, June 15, 2006

訳者略歴
阿部 秀司（あべ ひでじ）
一九五七年生まれ。
慶應義塾大学文学部フランス文学科中退。
横浜ランドマーク法律事務所勤務。
訳書にマット・クレイマー『ワインがわかる』『イタリアワインがわかる』（共訳）、『ブルゴーニュワインがわかる』、ジャスパー・モリスMW『ブルゴーニュワイン大全』（共訳、以上すべて白水社）

マット・クレイマー、ワインを語る

二〇一四年一二月一五日 印刷
二〇一五年 一 月一〇日 発行

著 者 マット・クレイマー
訳 者© 阿 部 秀 司
発行者 及 川 直 志
印刷所 株式会社 三 秀 舎
発行所 株式会社 白 水 社
東京都千代田区神田小川町三の二四
電話 営業部〇三（三二九一）七八一一
編集部〇三（三二九一）七八二一
振替 〇〇一九〇・五・三三二二八
郵便番号 一〇一・〇〇五二
http://www.hakusuisha.co.jp
乱丁・落丁本は、送料小社負担にてお取り替えいたします。

誠製本株式会社

ISBN978-4-560-08404-5

Printed in Japan

白水社の本

ブルゴーニュワインがわかる

マット・クレイマー
阿部秀司訳

『ワインがわかる』で世界中のワイン愛好家をうならせたクレイマーが、ぶどう畑と作り手の個性に焦点をあて、土地とぶどうと人が作りあげたブルゴーニュの魅力を知的にときあかす。

イタリアワインがわかる

マット・クレイマー
阿部秀司訳

世界中の多くのワイン産地の中でボルドー、ブルゴーニュと肩を並べて比較できるのはイタリア。北はピエモンテから南はシチリアまで、クレイマーお奨めのワイン、優れた作り手を紹介。

アンリ・ジャイエのワイン造り

ヴォーヌ＝ロマネの伝説

ジャッキー・リゴー
立花洋太訳
立花峰夫監修

二〇世紀最高の天才醸造家が、ワイン造りの神髄をあますところなく語る。テロワール、ヴィンテージ、ブドウ栽培、醸造・熟成に至る全プロセスが、自身の言葉によってときあかされる。

ブルゴーニュのグラン・クリュ

レミントン・ノーマン
日向理元訳

グラン・クリュのワインは他のワインとどこが違うのか――それぞれの畑を垂直方向の視点でとらえ、歴史、地質、語源、主要所有者、ワインの特徴を詳解。エリアごとの航空写真つき。

ブルゴーニュワイン大全

ジャスパー・モリスMW
阿部秀司、立花峰夫、
葉山考太郎、堀田朋行訳

特級畑から小区画まで、約一〇〇〇におよぶブルゴーニュのブドウ畑、ワイン、そこに生きる造り手たちを徹底的に網羅。かつてない情報量と深さを備えた記念碑的大著。愛好家必携。